國古代黑科技

古人比你想得更厲害

齊欣 崔希棟 ——著

超過八百年的古橋，
竟能承受所有現代橋梁都承受不起的載重！
渾天地動儀，到底用什麼原理來預測地震？
原來古代的黑科技，比你想的還多！

崧燁文化

中國古代黑科技：古人比你想得更厲害

目錄

第一章　發掘地下的「寶藏」

採礦史上的一面「旗幟」——銅綠山古礦井　　　12
　　一、古代礦工的「生命支護」——礦井的木支護結構　　　14
　　二、採礦作業中的智慧——巧妙的排水和通風系統　　　16
石油鑽井之父——深井開採井鹽技術　　　17
　　一、悠久的井鹽開採歷史　　　17
　　二、卓越的衝擊式（頓鑽）鑿井技術　　　18
　　三、精巧的採鹽設備　　　19

第二章　點石成金，鑄金成器

豐富多彩的青銅文化——青銅冶鑄　　　23
　　一、青銅器的造型師——範鑄法　　　25
　　二、最為精細的鑄造方法——失蠟法　　　27
點石成鐵——生鐵冶煉技術　　　29

第三章　農耕民族的智慧

世界上最早、最先進的耕地機——耕犁　　　32
種子條播種機的始祖——耬車　　　34
世界上最早的揚穀高科技產品——扇車　　　35

第四章　水力的妙用

筒車　　　38

連機水碓	40
水轉連磨	41
水碾	42
船磨	43

第五章　古代人的「水泵」

利用槓桿原理的「水泵」——桔槔	46
曲軸轉動的「水泵」——刮車	47
輪軸原理的「起重機」——轆轤	48
利用鏈傳動原理的「水泵」——井車	49
高揚程的「水泵」——高轉筒車	50
齒輪和鏈傳動裝置的「水泵」——翻車	52

第六章　霓裳錦衣的國度

纖纖玉蠶，吐絲作繭——蠶與絲	56
熱湯引緒，化繭成絲——腳踏繅絲機	58
弦隨輪轉，眾機皆動——水轉大紡車	59
手經指掛，穿梭打緯——原始腰機	60
剳剳機杼，助力織布——漢代斜織機	60
靈機一動，巧織經緯——大花樓提花機	61

第七章　牆倒屋不塌的祕密

驚豔 7000 年的美——榫卯	66
既堅且美，靈動蓬勃——斗栱	68
獨特的中式建築之美——木架結構	71
一、高大恢宏的抬梁式建築	71
二、精巧輕便的穿斗式建築	72

第八章　跨越古今的橋梁

一橋飛架南北，天塹變通途——橋梁的由來　　74
江山多嬌，橋梁嫵媚——橋梁的類型　　75
　　一、通達的梁橋　　75
　　二、起伏的拱橋　　75
　　三、靈動的索橋　　76
跨越山水，跨越古今——中國古代四大名橋　　77
　　一、橋中壽星：趙州橋　　77
　　二、橋中狀元：洛陽橋　　78
　　三、橋中仙子：廣濟橋　　79
　　四、橋中英雄：盧溝橋　　79

第九章　由鄭和下西洋說起

舟船起源　　82
　　一、腰舟　　82
　　二、浮囊　　82
　　三、筏　　83
　　四、獨木舟　　83
　　五、木板船　　83
中國古代造船技術四大發明　　84
　　一、水密隔艙　　84
　　二、車船　　85
　　三、舵　　85
　　四、硬帆　　86
中國古代三大船型　　87
　　一、唐代船舶的代表：沙船　　87
　　二、高大富貴的福船　　87
　　三、抗倭戰船：廣船　　88

超前軼後、冠絕古今的壯舉——鄭和下西洋	88

第十章　奇妙的車輛

指南車	92
記里鼓車	94
獨輪車	96
舂車	97
磨車	98

第十一章　古人的醫療與健身

老中醫的透視眼——望、聞、問、切	103
小穴位，大健康——針灸與按摩	104
菲爾普斯的新「紋身」——拔罐	105
「嘗」出來的醫療資料庫——中藥	106
古人的體操運動——八段錦	107

第十二章　仰觀天象

古人眼中的夜空	110
古人的宇宙觀	112
一、蓋天說	113
二、渾天說	113
三、宣夜說	114
古代的天文儀器	114
一、用於天體定位的儀器	114
二、演示天象變化的儀器	116
三、通過觀測天體記錄時間的儀器	117

第十三章　古代的「鐘錶」

立竿見影——圭表	120

一寸光陰一寸金——赤道式日晷　　　　　　　　　　121

　　「1刻鐘」的由來——多壺升箭式銅壺滴漏　　　122

　　最早的機械鐘——水運儀象台　　　　　　　　　124

第十四章　張衡地動儀

　　世界掀起復原張衡地動儀的熱潮　　　　　　　　128

　　世界影響力最大的一部張衡地動儀復原模型　　　130

　　最新研究的張衡地動儀的復原模型　　　　　　　132

第十五章　古人對光的探索

　　墨子與小孔成像　　　　　　　　　　　　　　　136

　　潛望鏡　　　　　　　　　　　　　　　　　　　138

　　透光鏡　　　　　　　　　　　　　　　　　　　139

第十六章　音樂中的知識

　　戰國編鐘　　　　　　　　　　　　　　　　　　142

　　扁鐘與圓鐘的區別　　　　　　　　　　　　　　144

　　朱載堉與十二平均律　　　　　　　　　　　　　145

第十七章　生活中的物理

　　迴旋的競逐——走馬燈　　　　　　　　　　　　148

　　觥籌間的戲謔——公道杯　　　　　　　　　　　150

　　倒轉的乾坤——倒灌壺　　　　　　　　　　　　152

　　布衾中的氤氳——被中香爐　　　　　　　　　　153

　　漣漪間的迴響——龍洗　　　　　　　　　　　　154

第十八章　古代數學成就

　　算籌　　　　　　　　　　　　　　　　　　　　158

　　算盤　　　　　　　　　　　　　　　　　　　　160

《九章算術》	161
圓周率	162
隙積術	163
賈憲三角	164
出入相補原理	165
畢氏定理	166
雉兔同籠	167
縱橫圖	167

第十九章　好玩的益智玩具

變化無窮的七巧板	170
奧妙趣味的九連環	172
不可思議的華容道遊戲	173

第二十章　造紙術

無紙時代	176
神奇紙，中國造	178
竹香幽幽紙綿長	180
防蟲印花巧思量	181

第二十一章　印刷術

印刷術的前驅技術——印章和拓石	184
是技術，更是藝術——雕版印刷流程	185
提高印刷效率——活字印刷術	188

第二十二章　火藥

煉丹爐中的發明	192
最早的管形射擊火器——突火槍	194
集束火箭的代表——一窩蜂	195

世界上最早的有翼火箭——神火飛鴉	196
世界上最早的二級火箭——火龍出水	196
中國火藥、火器的西傳	197

第二十三章　指南針

端朝夕的司南	200
人工磁化的指南魚	202
腹中藏磁的指南龜	203
懸針定向的縷懸法指南針	203
浮針定四維——羅盤	204
出海遠航——指南針與航海	206

第二十四章　瓷器的王國

瓷器的前身——陶器	208
由陶到瓷——陶瓷製造工藝的飛躍	209
青瓷如玉	211
白瓷如雪	212
彩瓷如畫	213

第二十五　章連接東西的絲綢之路

古代絲路的魅力歷史	216
中西方科技的傳播和交流	218
一、造紙術外傳	218
二、印刷術外傳	218
三、火藥外傳及佛郎機	219
四、指南針、水羅盤和旱羅盤	220
五、崇禎曆書	221

中國古代黑科技：古人比你想得更厲害

第一章 發掘地下的「寶藏」

● 撰稿人／霍 虹

中國古代黑科技：古人比你想得更厲害

採礦史上的一面「旗幟」
——銅綠山古礦井

　　一九六七十年代，人們在湖北省大冶銅綠山附近進行銅礦開採時會經常挖到一些古老的木質巷道，但大家都沒有想太多，也沒有人意識到會有什麼事情發生。直至有一天，一個巨大的青銅斧的出現，驚動了當時的考古界。

　　1973 年，隨著考古發掘的進一步深入，一個更加讓人不可思議的場景出現在人們的眼前——一座規模龐大的古礦井遺址。在不到 2 平方公里的範圍內，考古人員清理出了 7 個露天採礦場和 18 個規模宏大的地下開採區，縱橫交錯的豎井和盲井 199 座，密如蛛網的平巷 177 條，巷道總長達到了 8000 多公尺。

　　這座規模宏大的古礦井遺址分前後兩個時期，前期屬春秋時期或稍早，後期從

第一章　發掘地下的「寶藏」
採礦史上的一面「旗幟」——銅綠山古礦井

戰國一直延續到漢代。從現場遺存的古代煉渣來看，這裡至少生產了 10 萬噸的粗銅。真不愧是中國迄今為止年代最早、規模最大、保存最完整的一處古銅礦遺址，被視為中國青銅文明的活化石。

● **延伸閱讀**

古人尋找銅礦的標誌物——銅草花

在銅綠山礦區生長著一種紫紅色的花，這種花就是古時人們尋找銅礦的標誌物——銅草花。銅草花，學名海州香薷，每年十月左右開花，花色多為藍色或紫紅色，它喜好生長在含有銅礦的土壤中。有句俗話說：「山上盛開銅草花，底下銅礦叫呱呱。」在缺少現代探礦設備的年代，它就成了很重要的參照物。

以銅草花作為線索，古代先民們尋找到了埋在地下的銅礦，使人類由石器時代邁入了青銅時代，推動了人類文明的進程。

銅草花

銅綠山古礦井的木支護結構遺跡

　　從古銅礦遺址中可以看到，密密麻麻的礦井和巷道好似迷宮一般，各層的巷道走向也不盡相同。如此龐大且複雜的地下工程，一旦坍塌將極有可能威脅礦工的生命安全，那 3000 年前的古人又是如何解決這一難題的呢？

一、古代礦工的「生命支護」
　　　——礦井的木支護結構

　　採用木支護結構進行地下開採，是礦工們為自己搭起的一道安全屏障。在深達幾十公尺的地下，純木製的支護木，是如何頂住來自巷道頂部和周遭的壓力呢？眾所周知，中國許多古代木製建築周身上下沒有一個釘子，卻能屹立千年而不倒，這與建築中木頭和木頭之間的搭接方式有著密不可分的聯系。古代礦工們創造出了支護木框架搭接的合理方式，即在木頭兩端砍出階梯式榫口，既便於搭接，且有效增加了支架的抗壓強度。這些支護木承受了來自井壁四周的壓力，從而降低了坍方事故的發生率，保障了礦工的人身安全。令人嘖嘖稱奇的是，即使在千年之後，一部分支護木依然牢固地支撐著井壁。

銅綠山古礦井採掘情景復原圖

中國古代黑科技：古人比你想得更厲害

二、採礦作業中的智慧
——巧妙的排水和通風系統

　　銅綠山古銅礦的排水和通風系統需要很高的技術。在銅綠山眾多的古礦井中，最大井深可達 60 多公尺，低於地下水位 20 多米。地下積水是怎樣被排除的？聰明的古礦工利用木製水槽等簡單工具架構了一套完善的井下排水系統。首先，用木製水槽將井巷中的地下水引入排水巷道，再引入井底的積水坑。井底的積水坑通過豎井與地面相通，因而，礦工們就可以用木桶將坑中的水直接提出礦井了。

　　當礦井開採到一定深度時，井下的氧氣會減少。為了保證井下生產的安全，古人積極利用地勢特點，利用不同井口的氣壓差形成自然風流，並將其引入巷道，而且通過封閉巷道和填塞廢棄礦道的辦法，來控制風的流向。當礦井氣壓差不足時，就在井底點燃一堆火，加熱空氣以產生對流。依靠這些辦法，新鮮空氣源源不斷地被送入地底深處，從而解決了井下通風問題。

　　銅綠山古礦井留下的多項採礦、冶煉技術成就，不僅向我們昭示了華夏青銅時代的輝煌，更為後人在探索地下文明的道路上留下了盞盞明燈。

銅綠山古礦井井道復原圖

第一章　發掘地下的「寶藏」
石油鑽井之父——深井開採井鹽技術

石油鑽井之父
——深井開採井鹽技術

開門七件事：柴米油鹽醬醋茶。在日常生活中，我們所吃的鹽主要來自海鹽、池鹽（湖鹽）、井鹽和岩鹽（礦鹽）。其中，井鹽是通過打井的方式抽取地下鹵水而製成的。我們把生產井鹽的豎井叫作鹽井。

德國當代著名學者沃基爾教授曾以「中國偉大的井」為題撰寫過一篇文章，文中提到1500年前在地球上的中國開鑿成深達一千公尺的井來吸取鹵水製鹽。這口井的鑿井技術所創造的頂峰，其成就堪稱當時世界之冠，要領先歐洲技術400年，這一鑿井技術已成為中國人引以為豪的繼造紙、印刷術、火藥和指南針四大發明之外的又一大發明。

一、悠久的井鹽開採歷史

中國是世界上最早生產井鹽的國家。據《華陽國志·蜀志》記載，戰國末年，時任秦蜀郡太守的李冰在今天的雙流地區開鑿了史上第一口鹽井——廣都鹽井，開啟了中國鑿井製鹽的歷史。

唐代及以前，人們以挖水井的方式挖掘鹽井，都是大口淺井。到了宋代，當淺層的鹽鹵資源逐漸枯竭以後，大口淺井便無法滿足開採的需要，一種新的開採方式隨即應

古代鹽井復原圖

中國古代黑科技：古人比你想得更厲害

運而生，這便是衝擊式鑿井法（又叫頓鑽鑿井法）。人們用這種方法開鑿出來了一種叫作卓筒井的小口徑的深井，井口直徑與當地的楠竹粗細相仿，但井深可達數十甚至數百公尺。這種技術使得人類得以從更深的地層獲取鹽滷資源。

明清時期，井鹽的開採技術發展得更加完備，從鑽井、採滷、輸滷、製鹽，形成了一整套的井鹽生產工藝，為鹽業繁榮作出了巨大的貢獻。

● 延伸閱讀

古時，食鹽作為重要的民生資源和稅收來源，由國家嚴格管控。但在高額利潤的驅動下，民間私鹽開採也屢見不鮮。人們發現，採用小井開採，方便且容易避人耳目，於是在民間小井開採井鹽悄然興起。明代宋應星在《天工開物》中曾提到「川滇鹽井，逃課掩蓋者易，不可窮詰」，也反映了當時私鹽開採屢禁不止的現象。

《天工開物》中記載的製鹽方法

二、卓越的衝擊式（頓鑽）鑿井技術

所謂衝擊式鑿井技術，是採用一種形如舂米的設備——踏碓，利用人力踩動碓架上的踏板，帶動銼頭上下運動，高高吊起的銼頭在下落中過程中將勢能轉換成動能，一次次頓擊井底的泥土和岩石。每鑿一段時間，井底碎土沙石堆積，工人們便會把一個底部裝有熟牛皮（俗稱「皮錢」）的竹製撮泥筒放入井

《天工開物》中記載的井鹽製鹽

第一章　發掘地下的「寶藏」
石油鑽井之父——深井開採井鹽技術

中。熟牛皮構成一個單向閥門，當搧泥筒落入井底時，井底泥漿向上衝開閥門，進入筒內；搧泥筒向上提升時，筒內泥漿的重力會將閥門關閉，如此便可將井底的泥沙隨筒提出井外。通過不斷地衝擊、取泥，井身一點點加深，直到鹽滷層。

● **延伸閱讀**

鑿井奇觀——燊海井

1835 年，四川省自貢地區開鑿出了當時世界上第一口超過一公里的深井——燊海井。燊海井井深達 1001.42 公尺，每天可出萬餘擔的鹽滷，生產天然氣 8500 多立方公尺。據說，當時工人們見此井如此盛產，便造「燊」字寄以美好的期望。「燊」寓意火力旺盛，也就是說天然氣產量大；「海」則代表人們期望這裡的鹽滷資源能像海水一樣源源不斷。據記載，燊海井鑽成 11 年後，俄國才於 1846 年鑽成了第一口油井淺井，美國於 1859 年鑽成一口深井。由此可見，當時中國的鑽井技術遙遙領先。

三、精巧的採鹽設備

1. 天車

「地下鹽井，地上天車。」天車為木製井架，是井鹽生產的一種地面設備。其高度多在數十公尺，有的過百公尺。高聳的天車直指雲霄，被外國遊客驚呼為「東

方的艾菲爾鐵塔」。

　　天車的主體是由成百上千根質輕、耐腐蝕的杉木用竹篾捆紮而成，像箍桶一樣，中間是空心的，由下而上逐漸變細，並在空中交接組合形成「A」字形。這種下大上小的結構非常穩固，而且中空的設計不僅節省材料，還保證了木材間的空氣流通，起到了一定的防腐作用。

　　天車的上下各安置有一個定滑輪，用於懸掛天輥（滑輪），來提放打井設備與提取井下滷水的汲滷器具。因此，一般有鹽井的地方，就會有天車。據記載，僅在扇子壩 1.2 平方公里的土地上，就先後豎立過 198 座天車。昔日的自貢，天車林立，鹽井密佈，煮滷製鹽，雲蒸霞蔚，場面煞是壯觀。有一個有趣的傳聞：據說在抗日戰爭期間，日軍空襲自貢時，日軍飛行員從空中看到，朦朦朧朧的蒸汽中無數天車若隱若現，還以為地面上佈置了什麼特殊的「防空武器」，嚇得立馬落荒而逃。

2. 汲滷筒

　　汲滷筒是一種用於提取井下滷水的工具。它是用小於井口直徑的竹筒做成，筒底懸掛一塊用作單向閥的熟牛皮。當汲滷筒向下放入井內時，閥門會被滷水向上的壓力衝開，滷水就進入竹筒內。當汲水筒向上提升時，筒內滷水向下的壓力使得單向閥門關閉，滷水就流不出來，從而順利地被提出鹽井。

　　古代工匠們用豐富的勞動實踐和想像力創造了許多巧奪天工的器具，極大地促進了當時鹽業生產的快速發展。

第二章 點石成金，鑄金成器

撰稿人／常 鋮

中國古代黑科技：古人比你想得更厲害

  本章開頭先給大家講一個點石成金的神話故事。古時候，有個人特別窮，他很虔誠地供奉八仙之一的呂洞賓。呂洞賓被他的真誠所感動，一天忽然從天上而降，伸手指向庭院中一塊厚重的石頭。片刻間，石頭便變成了金光閃閃的黃金。呂洞賓說：「你想要它嗎？」那個人回答道：「不想要，我想要你的那根手指頭。」結果，呂洞賓立刻就消失了。

  這個故事雖是在諷刺人類的貪心，但也反映了人們對金屬製造技術的渴望。現實中雖然不存在點金石，但是勤勞而聰慧的中國古人創造了各種金屬冶煉和應用工藝，創造了輝煌的青銅器和鐵器時代。

第二章　點石成金，鑄金成器
豐富多彩的青銅文化 —— 青銅冶鑄

豐富多彩的青銅文化
—— 青銅冶鑄

中國的青銅冶鑄歷史可以追述到新石器時代晚期。考古學家們在龍山文化（西元前 2500 年～西元前 2000 年）的一些遺址中就發現了小青銅器物。青銅是一種合金，主要成分是銅、錫和鉛。青銅比純銅的熔點低，而且硬度較高，鑄造性和機械性較好，比石器堅固耐用，破損後還可以重新鑄造。

在戰國時期，熟練的工匠已經總結出了銅錫合金的配比與性能的關係。《考工記》記載：錫含量 1/6 時，顏色好看，聲音響亮，用於鑄造鐘鼎最好；錫含量在 1/5 和 1/4 時，青銅韌性好，適合做斧、戈、戟等工具和兵器；錫含量在 1/3 和 2/5 時，青銅的硬度高，適合製作刀刃、箭矢等兵器；錫含量在 1/2 時，青銅可以打磨出光亮的表面，而且鑄造性較好，適合製作銅鏡。

青銅冶鑄的發展經歷了由簡單到複雜的多個階段，其中商代和西周是中國青銅冶鑄的鼎盛時期。這一時期，青銅器在人們的生活中隨處可見，有兵器、工具、生活用具、祭祀禮器、農具等。武器中，有戈、矛、鉞、劍、簇等；工具中，有斧、鑿、鑽、鋸、錐等；農具中，有钁、鏟等；祭祀禮器中，有當前世界上出土最大、最重的青銅禮器——后母戊鼎。

三星堆遺址出土的青銅戈

中國古代黑科技：古人比你想得更厲害

● 延伸閱讀

「鎮國之寶」──后母戊鼎

　　后母戊鼎因其內壁上鑄有「后母戊」三字而得名，是迄今世界上出土最大、最重的青銅禮器，呈長方形，通耳高 1.33 公尺、長 1.16 公尺、寬 0.79 公尺，重達 875 公斤，鼎身四周鑄有精巧的盤龍紋和饕餮紋。據考古學家估算，鑄造如此之重的青銅器，算上鑄造上的原料損失，大約需要 10000 公斤的原料。在製模、翻範、灌注、拆範後的修飾等工序中，需要 300 多人。后母戊鼎的鑄造充分說明了商代青銅鑄造技術的成熟，其青銅作坊不僅規模宏大，而且具有非常精細和有秩序的工藝管理辦法。

第二章　點石成金，鑄金成器
豐富多彩的青銅文化──青銅冶鑄

一、青銅器的造型師
　　　── 範鑄法

　　諸如后母戊鼎、四羊方尊等造型精美的青銅器是如何鑄造的呢？這裡就要請出「範鑄法」這一青銅器的造型師了。「範」指模子，範鑄法就是將熔化的金屬液澆鑄在模子之內。在鑄造時，首先製作範，再將熔化的金屬液澆築於範腔內成型，冷卻，脫範，然後經清理、打磨、加工等工序製成金屬鑄品。

　　範鑄法，按照所用範的材質，可以分為石範、陶範和金屬範。其中，陶範法是中國青銅器鑄造工藝中最常用的一種鑄造方法。

　　陶範是一種未充分燒結的陶瓷，是由陶坯塑形雕刻好後在 850 度～ 900 度高溫下燒製而成的，具有耐高溫、膨脹率低等特點。用這種方法製造的青銅器具有器壁薄、紋飾精美等特點。

　　陶範法通常採用複合範的形式來進行鑄造，複合範包括外範和內範，在鑄造時將內外範組合，將熔化的青銅液從範孔注入，冷卻後便可以得到精美的青銅器物。

● 延伸閱讀

陶範法製作流程

下面以父庚觶的製作為例，為大家詳細介紹陶範的製作流程。

（1）首先，需要雕刻父庚觶的泥模，並精細地雕刻出上面的紋飾。

（2）將雕刻好的泥模放入爐內烘乾水分，使其成為硬模，然後分塊用軟泥坯按壓在硬模上，翻製成外範。

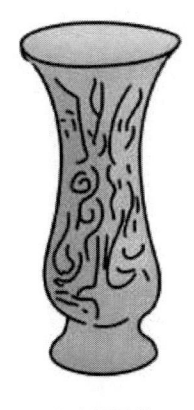

父庚觶泥模　　　　　　　　翻製外範

25

中國古代黑科技：古人比你想得更厲害

（3）將分塊翻製的外範卸下，在陰涼處風乾。翻製過程中容易產生缺損，因此需製成內範，使組合後的範器形成一定寬度的空隙，這層空隙的寬度就是父庚觶的厚度。

（4）將硬模的表面均勻地刮去一層，要在外範上補刻更加精細的紋飾。

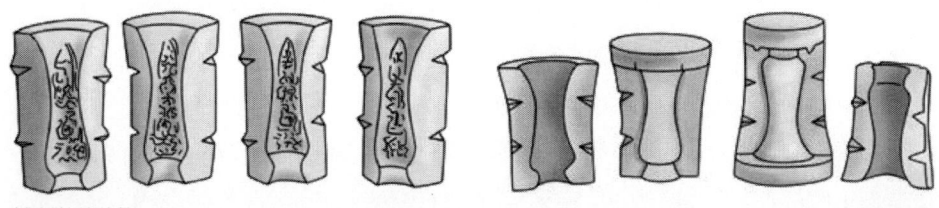

補刻外範紋飾　　　　　　　　　　　　　　　製作內範

（5）製作底部的銘文泥模，烘乾後將其鑲嵌在內範的底部。

（6）將內外範組合，並用草木灰填補空隙，將各部分黏成一體，只留下注入銅液的孔洞。

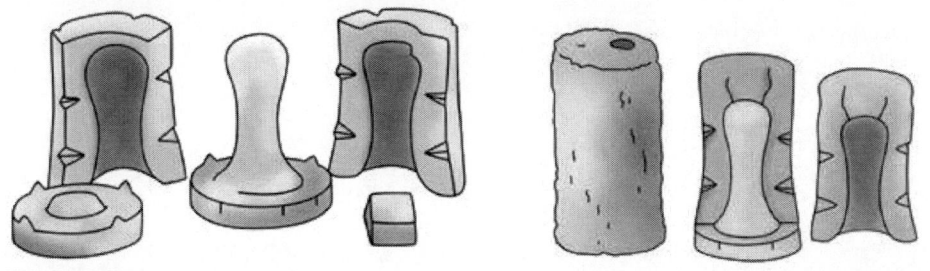

製作銘文泥模　　　　　　　　　　　　　　　組合外範與內範

（7）將組合好的複合範陰乾後放入爐內預待，準備澆築。

（8）將熔化的青銅液注入複合範內，整體冷卻後將內外範打碎，便得到了成型熱的青銅器。

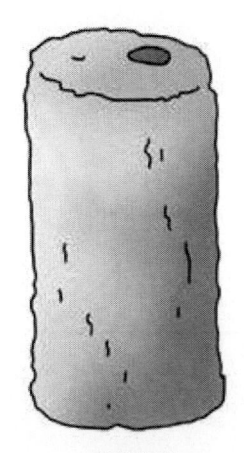

澆鑄冷卻 　　　　　　　　　烘焙預熱

第二章　點石成金，鑄金成器
豐富多彩的青銅文化——青銅冶鑄

二、最為精細的鑄造方法
　　——失蠟法

　　如果說陶範法是青銅器的造型師，那麼失蠟法就是冶鑄史上的藝術家，有學者甚至把它與火和輪子的發明相提並論。使用失蠟法鑄造的器物，其精細程度遠遠超過使用陶範法鑄造的器物。曾侯乙墓青銅尊盤便是失蠟法鑄造的代表作，是青銅器珍品中的珍品。

　　失蠟法是在陶範法的基礎上發明的。鑄造時，首先用蠟雕刻成與鑄件同樣形狀的蠟模，在蠟模外塗敷耐火材料製成鑄型；加熱，將蠟化掉流出，裡面便形成空腔；經焙燒製成陶範，再把銅液澆注進去，得到鑄件。

曾侯乙墓青銅尊盤

中國古代黑科技：古人比你想得更厲害

● 延伸閱讀

古代的鑄幣機——疊鑄法

　　中國古代錢幣的材質有銅、鐵、鉛等多種。如果您認為錢幣也像青銅器一樣是一個一個用陶範鑄造出來的，那就大錯特錯啦！其實，古代也有鑄幣機——疊鑄法。所謂疊鑄，就是把許多範塊疊合起來組成一套，只要澆築一次就能鑄出幾十個甚至上百個鑄件，這種方法效率高，能大大節省成本，主要用於小型鑄件的大量製作。早在戰國時期，齊國就已經用疊鑄法鑄造刀幣。漢代仍然使用這種方法鑄造錢幣。出土於西安郭家村的「大泉五十」陶範，由 46 片範片組合而成，每次能夠鑄幣 184 枚。

疊鑄法復原模型

第二章 點石成金,鑄金成器
點石成鐵 ——生鐵冶煉技術

點石成鐵
——生鐵冶煉技術

冶鐵技術起源於西元前 20 世紀的小亞細亞。西元前 10 世紀,冶鐵術傳入中國新疆地區;到西元前 8 世紀,中原地區已掌握了冶鐵技術。通過滲碳、脫碳、淬火、退火等工藝可使鐵變性成鋼或可鍛鑄鐵,其具有比青銅更為優越的強度和韌性,而且鐵礦石分佈廣,地殼儲量大,開採成本低,因此鐵器開始迅速取代青銅器。

在冶鐵技術的發展歷史中,生鐵冶煉技術的出現被認為是一次劃時代的飛躍。早期的冶鐵技術主要是將鐵礦石在 1000°C 以下還原成鐵。這樣煉成的鐵,質地疏鬆,雜質多,需要反覆鍛打清除雜質後才能製成鐵器,非常耗費人力。中國在西元前 6 世紀發明了生鐵冶煉的技明的生鐵冶煉技術徹底改變了鐵器的生產,冶鐵工人在高大的豎爐(高爐)內,用木炭和鼓風裝置將爐溫提高到 1200°C 以上,由於碳的滲入,以及加入了石灰石或白雲石等助熔劑,鐵礦的熔點降低,鐵礦石能夠熔化為液態並聚集到爐缸底部。由於密度不同,鐵和渣自動分離,鐵水可以被放出爐外,或者直接澆注成器,或者鑄成型材。生鐵冶煉技術大大提高了冶鐵生產的生產效率,並且降低了成本。已知最早的生鐵製品是山西省天馬—曲村遺址出土的兩件鐵器殘片,屬春秋早期和中期(約西元前 8 至 7 世紀)製品。而西方在西元 14 世紀才掌握了生鐵冶煉技術,比中國整整晚了 2000 多年。

中國之所以能夠比西方早 2000 多年出現生鐵冶煉技術,主要在於中國最先發明了高爐冶煉技術。漢代的高爐煉鐵技術已經非常

《天工開物》中的冶鐵圖

中國古代黑科技：古人比你想得更厲害

成熟。根據復原研究，河南省鄭州古滎鎮的 1 號高爐高達 4.5 公尺，爐容積達 44 立方公尺，裝有 4 個皮囊作為鼓風系統，橢球型的爐身不僅增加了高爐的內容量，而且有助於中心區域供風。據估計，古滎鎮的 1 號高爐每天的產量達 0.5～1 噸，在 2000 多年前是非常了不起的成就。

高爐需要依靠強大的鼓風系統才能高效運轉。東漢時，鼓風動力已經從人力發展到了畜力和水力，如「馬排」和「水排」等。說到這裡，各位讀者不要以為我在說吃的東西，這裡的「排」是一件設計巧妙的機械鼓風系統，利用水流或畜力驅動皮囊不斷地向爐內送風。東漢時期杜詩創造的「水排」使用最為廣泛，三國時期的韓暨推廣並改進了水排技術，使得煉鐵效率大大提高。

● 延伸閱讀

生鐵、熟鐵、鋼的比較

生鐵、熟鐵和鋼的區別主要是含碳量的不同所引起的合金性質不同。一般把含碳量大於 2% 的鐵叫作生鐵，0.02%～2% 叫作鋼，小於 0.02% 的叫作熟鐵。生鐵硬而脆，幾乎不可鍛造。而熟鐵柔軟易於鍛造，但鑄造性能及機械性能差。而鋼則兼具韌性和硬度，可以製作成具有優良在品質的工具和兵器。

輪式水排與高爐煉鐵

第三章 農耕民族的智慧

● 撰稿人／陳 康

中國古代黑科技：古人比你想得更厲害

古代中國人在機械方面有許多發明創造，特別是在農耕工具的創造上。在那個沒有拖拉機、播種機等現代化農機具的時代，勞動者使用何種農具完成繁重的勞作呢？讓我們從中國古代農具史上最了不起的發明開始，感受農耕民族的聰明智慧吧！

世界上最早、最先進的耕地機
——耕犁

耕犁是中國古代農民耕地的「神器」，是由犁轅、犁箭、犁底和犁梢等主要部件組成的複合農具，距今有 5000 多年的歷史。耕犁的使用方法是：一人扶轅，前方一人或兩三人牽引，在春秋戰國時期開始改用畜力牽引。

中國耕犁是從耒耜逐步發展而來的。耒耜是耕犁普遍使用前的主要耕具。犁鏵在原始社會晚期出現，由石犁鏵發展到商代的青銅犁鏵，再到春秋戰國以後普遍使用的鐵犁鏵。經過不斷改進和完善，漢代有了犁壁，使耕犁具有了既能翻土、碎土，又能起壟做壟的功能。到了唐代，江南地區為適應水田耕作，產生了曲轅犁，也稱為江東犁。

耕犁

第三章　農耕民族的智慧
世界上最早、最先進的耕地機——耕犁

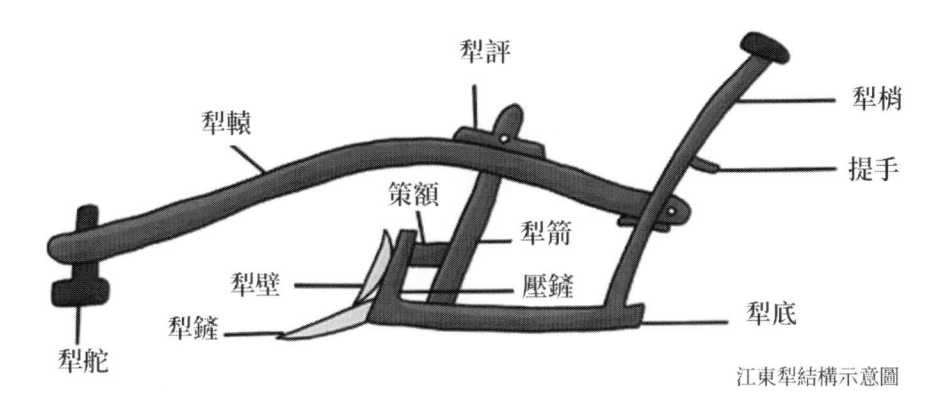

江東犁結構示意圖

漢代的犁是直轅犁，它的缺點在於耕地時回頭轉彎不夠靈活，起土費力，效率不高。需求是發明之母，唐代的江南地區為適應水田耕作產生了新的曲轅犁。其優點是犁身輕巧，擺動靈活，易於操作，在小面積地塊上耕作方便，可以調整耕深、耕幅，耕作效率高。

17世紀時，移居印度尼西亞的中國農民使用曲轅犁，得到了種稻國家的好評，由此，荷蘭人把曲轅犁傳播到了荷蘭，隨後惠及了整個歐洲。

直轅犁與曲轅犁

● **延伸閱讀**

犁　壁

漢代積極推廣先進的生產工具和耕作方法，是耕犁得以發展的重要時期。出土的漢代鐵犁中，有多種犁鏵，其中在山東省安丘、河南省中牟、陝西省長安等地都出土過西漢犁壁，表明犁壁在西漢時期已經發明並普遍使用。犁壁的發明是耕犁改進的重大進步，因為有犁壁的耕犁才能發揮翻土、碎土、起壟做壟的作用。

1967年陝西省咸陽窯店出土的鐵鏵和鐵犁壁

中國古代黑科技：古人比你想得更厲害

種子條播種機的始祖
——耬車

　　1731年，英國出現了條播機，替代了以往的人工手播，當時它被看作歐洲農業革命的標誌之一。然而，在遙遠的東方，中國人很早就已經使用這種農具了。這種農具叫耬車，是現代播種機的始祖。

　　耬車是古代的一種播種工具，由種子箱和耬管組成。史料記載，中國戰國時期就已經出現耬車。西元前1世紀，漢武帝任命趙過為主管農業的官員。趙過總結了一腳耬和二腳耬的經驗，發明了三腳耬。三腳耬下有三個開溝器，種子箱的下種數量和開溝器播種的深淺可以根據播種要求進行調整。以人力或畜力牽引，一人架耬並搖動，種子箱內的種子便會按照要求播種量，由耬腳經開溝器落入開好的溝槽內，

三腳耬車

第三章 農耕民族的智慧
種子條播種機的始祖——耬車

隨後覆土填壓裝置會將種子覆蓋壓實。

耬車能將種子成行播種,與點播和撒播相比,效率高,品質好。點播和撒播的播種方式,既浪費種子,又難以間苗。分行栽培技術要求播種時做到橫縱成行,以便於田間鋤草管理和作物收割,人工控制株距間苗,同時利於田間通風和作物的生長。三腳耬能同時播種三行,行距一致,省工省力,播種效率大大提高,滿足了分行栽培技術的要求。

三腳耬設計精巧、實用高效,有些地區至今仍在使用。但隨著現代化農機具的普及,大部分耬車逐漸被機械化播種機所取代,退出了歷史舞臺。作為農耕文明重要發明的耬車,見證了農耕文化的變遷,是中華民族文明史上不可磨滅的一個印記。

三腳耬播種示意圖

世界上最早的揚穀高科技產品——扇車

在現代化農業機械普及之前,扇車是農業生產中最先進的機械之一了。扇車由車架、扇輪、外殼、餵料斗及調節門等構成,它的作用是除去穀物中的秕糠。扇車的一側是一個特製的圓形風腔,風腔內裝有扇輪,扇輪的軸與扇車外部的曲柄搖手相連接,在搖手周圍是圓形中空的進風口,在圓形風腔另一側有長方形風道。轉動搖手,使扇輪旋轉而產生氣流,使之進入風道形成橫向的風,此時將稻穀通過上方的漏斗倒入,飽滿結實的穀粒比較重自然落入出糧口,較輕的糠麩、雜物則沿風道隨風一起飄出風口。

中國古代黑科技：古人比你想得更厲害

據測算，用篩簸箕的方法，一位行家一小時充其量可簸 45 公斤穀物。而用扇車，一位普通工一天就可加工 27 立方公尺的穀物。

從西漢末墓葬中出土的陶扇車模型，表明扇車在西漢時期已經出現，距今已有 2100 多年的歷史。它與皮囊鼓風、活塞式木風箱、龍骨式水車等，同是中國古代農業發達的標誌。隨著科學技術的發展，揚穀扇車早已經完成了歷史使命，被現代電動揚穀機所取代。

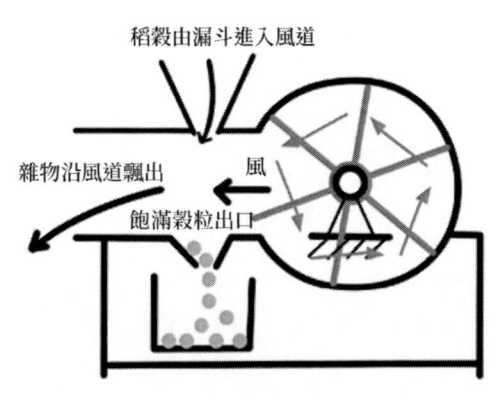

扇車揚穀原理

扇車模型

第四章 水力的妙用

● 撰稿人／袁 輝

中國古代黑科技：古人比你想得更厲害

<big>水</big>是人類生產生活的重要資源，在飲用、清潔、灌溉等方面發揮著不可取代的作用。自古以來，水力就是農業發展重要的動力資源，我們的祖先發明和使用了各種各樣的水力機械用於農業生產和糧食加工。

筒車

筒車也稱大水車，南方多為竹製，北方多為木製，由水輪、水斗、引水槽組成。其主要結構是在一個立式水輪上傾斜安裝數十個水斗，以河流推動水輪轉動，水斗自動灌滿水，並傾入引水槽，灌溉農田。筒車設計精巧，不勞人力，只需流水作能源，就能日夜不斷地取水灌田。

筒車

第四章　水力的妙用
筒車

● **延伸閱讀**

水車之都

　　《甘肅通志》記載:「黃河水,在城北橫流,東西兩灘為翻車,導引灌田,自皋蘭州人段續始。」明嘉靖二十年(1541年),段續辭官回到蘭州,開始聘請工匠,仿南方筒車製作適宜黃河取水的水車。他兩次專門到南方考察,吸取借鑒南方水車技術,幾經失敗,經過反覆試製,終於創製成功。

　　歷經400餘年,蘭州水車日臻完善,構造獨到,工藝精湛,雄渾粗獷,風格獨特。至1952年,多達252輪水車林立於黃河兩岸,蔚為壯觀,成為一道獨特的風景線。由此,蘭州被譽為「水車之都」,知名於國內外。近年來,蘭州黃河大水車製作技藝被評為首屆全國非物質文化遺產。

蘭州黃河大水車

中國古代黑科技：古人比你想得更厲害

連機水碓

　　水碓是以流水為動力的一種穀物加工工具，利用自然水流帶動水輪轉動，再驅動工作機運轉，以加工糧食。水碓由立輪、輪軸、撥板、碓杆、碓頭、碓臼等部件組成，輪上裝有若干板葉，轉軸上裝有多個相互錯開的撥板，往復運動撥動碓杆。每個碓用柱子架起一根木杆，杆的頂端裝有一圓錐形石頭，構成碓頭。下面的石臼裡放上準備加工的稻穀。流水帶動水輪轉動，軸上的撥板撥動碓杆的梢，帶動碓頭一起一落地進行加工，使用水碓不受時間限制，可以日夜勞作。魏末晉初時，杜預發明了連機水碓，驅動多部水碓同時工作，生產效率大大提高。唐代以後，水碓的用途更加廣泛，藥物、香料、礦石等都能用水碓加工。明清時期，福建地區亦利用水碓來造紙，即以水碓將各種造紙原料搗爛來造紙漿。在江西省景德鎮地區，水碓又曾被用於高嶺土加工。

連機水碓模型

第四章　水力的妙用
水轉連磨

水轉連磨

水轉連磨是由水輪驅動的糧食加工機械。流水衝擊立輪旋轉，帶動輪軸上端的三個有齒輪的輪盤，每個輪盤通過齒輪傳動帶動石磨進行穀物加工。西漢時期，水磨已初步運用，但因只是一輪一磨，故利用率不高。西晉時，杜預將原動輪改成一具大型臥式水輪，大水輪的長軸上安裝三個齒輪，分別聯動三台石磨，稱水轉連磨，因共有九組石磨，俗稱「九轉連磨」。水轉連磨極大地提升了水能的利用，創製後迅速得到了推廣使用，給當時人們的生活帶來了很大的便利。

水轉連磨模型

● 延伸閱讀

機械之美

　　學技術館的東大廳，有這樣一件展品——水轉連磨輪軸上的輪盤和磨盤間互相齧合，透過齒輪傳動進行機械加工。其中齒輪傳動是最主要的機械傳動結構，實現各機械旋律的聯動和運轉，有著多達14種的機械結構，從而產生連鎖運動，可見從古至今，齒輪傳動的魅力在中國科械裝置間無處不在。

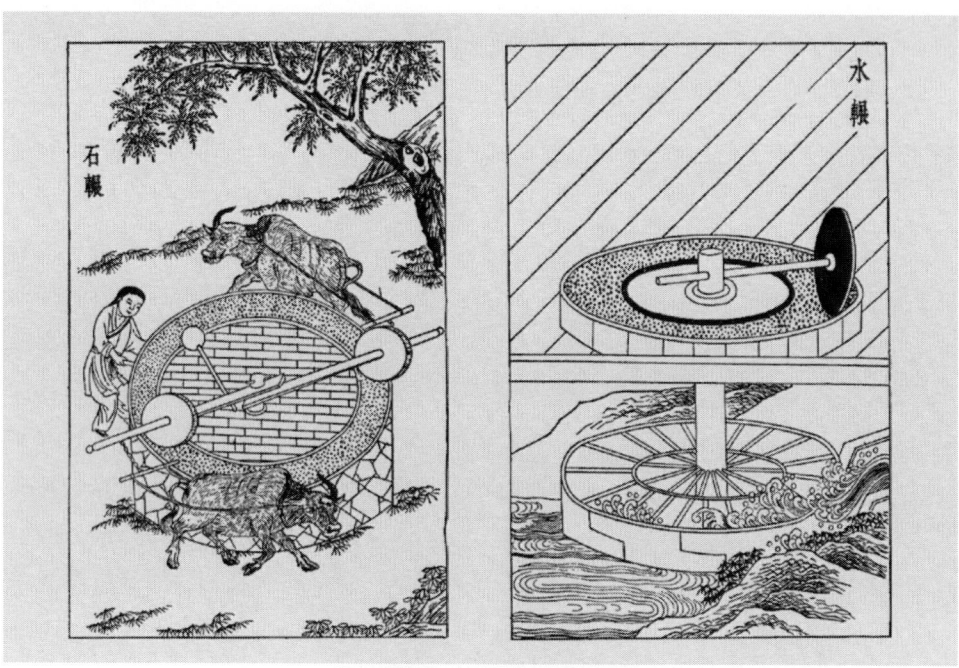

中國古代黑科技：古人比你想得更厲害

《天工開物》中記載的石輾和水輾

水碾

　　碾子是穀物加工工具，可碾壓穀物，去殼、麩皮，以及將麥粒、玉米等碾壓成粉，由石板碾盤、石頭滾子和使滾子作圓周運動的立軸組成，有水力、畜力和人力等多種動力來源。水碾是以水流衝擊水輪葉片，使水輪帶動碾輪滾動。《南齊書祖沖之傳》中記載：「（沖之）於樂遊苑造水碓、磨，世祖親自臨視。」《魏書·崔亮傳》記載：「造水碾磨數十區，其利十倍，國用便之。」水碾的發明不晚於兩晉南北朝時，以後歷代均有改進，唐代時發展更為迅速。長安附近的鄭白渠最盛時有水碾等100多處，以穀物加工為主，當時長安100多萬人口供糧大都來自這裡。到了宋代，地方官和民間經營的水碾占了相當的比重。

第四章　水力的妙用
船磨

船磨

船磨是將石磨安裝於舟船的中部，利用水流衝擊船下的水輪，帶動石磨運作。與一般的水磨相比，船磨不受河流漲落的影響，適用性較強。《農書》和《天工開物》都對船磨作了簡要介紹：其形制以大鐵錨固定兩只相傍之舟，在舟上搭架竹棚，舟內置磨，兩舟間激流中置立式水輪。若水漲，則舟移之近岸。故此又稱它為「活法磨」。

船磨模型

● 延伸閱讀

機械組合──屯溪磨坊

屯溪磨坊出現在明代的皖南屯溪地區，是集磨、碾、碓為一體的綜合性穀物加工場。磨坊中間豎有立式水輪，水流衝擊水輪帶動中軸，中軸轉動時推動水礱、水磨、水碓同時工作，從而完成去殼、脫粒、碾壓成粉等多項作業。

元代的農學家王禎在《農書》中講到水力機械時，一再指出其效率之高，用水礱礱穀「可倍人畜之力」，用水磨磨麵「比之陸磨，功力數倍」等，由此可見其具有很高模型的綜合功效。

中國古代水力開發歷史悠久，應用廣泛，在各方面曾居於世界前列。當今，隨著科技的進步，先進的設備已被廣泛應用，但不少古老的水力機械，如水磨、筒車、水碓等憑藉其天然優勢，在很多地區的農村仍為人們所使用，也給我們留下了許多寶貴的遺產。

屯溪磨坊模型

中國古代黑科技：古人比你想得更厲害

第五章 古代人的「水泵」

● 撰稿人／陳　康

中國古代黑科技：古人比你想得更厲害

現代生活中，我們只需要開啟自來水龍頭，水便源源不斷地流出，這便是水泵的功勞。水泵是輸送液體或使液體增壓的機械。那麼，在古代，人們是如何提水的呢？聰慧的古代中國人發明了多種利用人力、畜力、風力、水力來提水的機械。

利用槓桿原理的「水泵」
——桔槔

桔槔是一種原始的提水工具，應用很廣泛。桔槔利用的是槓桿原理，在豎立的架子上設一支點橫掛上一根長杆，長杆的前端用繩子懸掛一隻水桶，後端懸掛一塊重石等作為配重。汲水時，將長杆前端按下，後端配重物被高懸起，使水桶下垂進入水中，盛滿水後，水桶在配重物的重力作用下輕易地被提到地面上。桔槔汲水時，長杆一起一落，在槓桿的作用下節省人的動力，比完全用人力要省力得多，能大大減輕勞動強度，因而得到廣泛應用。孔子的弟子子貢曾說：「有械於此，一日浸百畦，用力甚寡而見功多。」

據考證，桔槔可能創始於商代初期。春秋時期，桔槔已有文字記載，並普遍使用。

《天工開物》中描繪的桔槔

第五章　古代人的「水泵」
曲軸轉動的「水泵」——刮車

● **延伸閱讀**

子貢推廣桔槔的故事

　　孔子的學生子貢，在一次南去楚國途中，走到晉國漢陰（在漢水以北）時，發現田間一位老人在取水澆菜地。只見老人手抱瓦罐，往返於地面通往水井底下的通道，來回一次取一瓦罐水，不但耗費時間較長，而且手抱盛滿水的瓦罐上坡很是費力，往來效率極低。這時，子貢想到了桔槔。他來到老人面前，介紹桔槔的優點，傳授使用方法，建議老人利用桔槔汲水。但老人不願意接受子貢的建議，繼續堅持用他的笨辦法澆地。這個故事表明，桔槔可能早在2000多年澆地前的春秋時期已經出現了。

曲軸轉動的「水泵」
——刮車

　　刮車是一種手搖式提水工具。轉輪直徑約5尺，輪上幅條寬約6寸，轉輪的驅動分為手搖操作和水輪軸上附設機件腳踏。刮車在使用時，要根據水平面與岸邊的高度確定水輪的大小。刮車安放在岸邊開挖的相應水槽內，轉動水輪，水被輪輻刮起送上岸，用以農業灌溉。在有些地區，刮車也被用於鹽田刮滷水。

　　刮車簡便易製，應用普遍，主要用於農業灌溉，其應用的條件是「水陂下田」。如果沒有急流，只有一般的「水陂」，水面與岸高只差一兩尺，人們便一般使用刮車。唐代，刮車在中原和長江流域一帶普遍使用。至宋代，刮車在珠江流域一帶得到普及。直到1950年代以後，大部分刮車才被現代水泵所取代。

刮車模型

轆轤

輪軸原理的「起重機」
——轆轤

  轆轤由轆轤頭、支架、井繩、水斗等部分構成，是利用輪軸原理提取井水的起重裝置。轆轤的構造，是將一根短的圓木固定在井旁豎立的支架上，圓木作為轉動的輪軸，並安裝有搖轉圓木的曲柄，繩索一端固定在圓木上並纏繞，另一端懸掛水桶。用人力或畜力轉動曲柄，水桶隨繩索的解除纏繞而被放入井中，隨繩索的再次纏繞而被提起。輪軸的實質是可以連續旋轉的槓桿。轆轤改變了施力方向，方便搖轉用力，節省動力，成為農村長期以來普遍使用的提取井水機械。

  《物源》上有「史佚始作轆轤」一說，史佚是周代初年的史官，表明轆轤可能起源於商代末周代初。轆轤流行於春秋時期，之後雖有改進，但原形沒有大的改變。

轆轤模型

井車模型

利用鏈傳動原理的「水泵」
——井車

　　井車是一種深井提水機具,由轆轤發展而來。井車的工作原理是:在井口安裝一組臥齒輪和立輪,互相嚙合,立輪上掛有一串盛水筒,用畜力或人力拉動套杆,隨著立輪的轉動,盛水的水斗連續上升,繞過大輪後,裡面的水流進旁邊的水槽,再流入田地中,空水斗由另一邊下降,如此周而復始。井車約產生於隋唐時代。井車適用於雨水缺少、地下水位低的地區,在中國西南地區也用於汲取鹽井鹽水。

高揚程的「水泵」
——高轉筒車

高轉筒車是汲水高度比一般筒車高的提水機械,適用於水位很低而岸很高時的汲水,以人力或畜力為驅動力。其構造是上部和下部均有木架支撐,分別安裝一個轉輪,在上面輪帶與竹筒之下安裝承重的木板托架,以負擔盛滿水後竹筒的重量;下面轉輪一半浸入水中,兩輪之間有輪帶相連,輪帶上安裝盛水的竹筒。上輪為主動輪,驅動上輪,通過輪帶帶動下輪轉動,連成串的竹筒便隨輪帶上下運動。竹筒入水後盛滿水,隨著輪帶自下而上地把水帶往高處,到達上輪高處時,竹筒自動傾倒,將水倒出,如此循環往復。

從文獻考察推斷,高轉筒車最早出現在晚唐時期。唐人劉禹錫的《機汲記》和陳廷章的《水輪賦》都有對高轉筒車功能的描繪。

《天工開物》中描繪的高轉筒車

高轉筒車模型

水轉翻車模型

齒輪和鏈傳動裝置的「水泵」
——翻車

　　翻車，也叫龍骨水車，是利用齒輪和鏈傳動原理來汲水的一種機具。翻車主要由轉動輪軸、水槽、木鏈、刮板等部分組成。車身是由木板做成的水槽，其上、下兩端各安裝有轉動的輪軸，上端大輪軸為主動輪，大輪軸轉動時通過木鏈帶動下端小輪軸轉動。汲水時，將翻車安放在水源旁邊，水槽下端伸入水中，以人力或畜力轉動大輪軸，帶動木鏈和刮板周而復始地翻轉，刮板順著水槽把水提升到岸上，用以農業灌溉。

　　翻車結構合理，提水效率高，因而被廣泛應用，代代相傳。翻車的發明，對解

● 延伸閱讀

<u>馬鈞發明翻車的故事</u>

　　古籍記載，東漢末年，畢嵐發明翻車，能大量引水，用於取河水灑路，但當時沒有直接用於農業灌溉。三國時期，馬鈞在前人創造翻車的基礎上，經過反覆研究和試驗，不斷改進，發明了輕巧和便於操作的翻車，為中國的農業生產作出了偉大的貢獻。這種翻車輕巧省力，可以連續汲水，因而大受歡迎。推廣使用後，提高了農業抗旱能力，促進了農業生產的發展。

水轉翻車模型

決農業灌溉問題發揮了重要作用。隨著人力驅動翻車的應用，中國古代勞動者還發明了利用畜力、風力、水力驅動的多種水車。直到近代，翻車才被電動水泵所取代。

　　水轉翻車除了使用鏈傳動裝置外，還使用了多組齒輪傳動。它利用水力驅動水輪，再帶動翻車工作，將人力徹底解放出來，實現了「全自動化」。水轉翻車不僅省力，而且輸水灌溉可日夜不息，工作效率大大提高。

中國古代黑科技：古人比你想得更厲害

第六章　霓裳錦衣的國度

撰稿人／賈彤宇

中國古代黑科技：古人比你想得更厲害

中國絲綢早在 2000 多年前的漢代就已經名揚世界，故中國被稱為東方絲國。中國的能工巧匠用雙手創造了世界上最美麗的織物，構築了燦爛的絲綢文化，為世界文明貢獻了輝煌的篇章。那麼，絲綢是以什麼為原料的？又是如何織造的呢？讓我們去探尋絲綢的祕密吧！

纖纖玉蠶，吐絲作繭
——蠶與絲

蠶是自然界中非常神奇的一種昆蟲，中國古人在 5000 多年前就發現了蠶能吐絲的祕密。唐代詩人李商隱的千古名句「春蠶到死絲方盡，蠟炬成灰淚始乾」，一直被用來比喻犧牲自己造福他人的高尚情操。但是，你知道嗎，春蠶吐盡蠶絲之後並沒有死去，而是變為了蠶蛹，為破繭而出做著準備。那麼，蠶是如何長大的？它吃什麼？

蠶的一生十分短暫，只有 40～60 天的時間，要經歷從卵、幼蟲、蛹、蛾（成蟲）四個不同的生長階段。蟻蠶出生不久就開始吃桑葉，吃的多，長的快，從蟻蠶長成一條成熟的蠶，體積要增大 400～500 倍，體重要增加 10000 倍，經過四次蛻皮後才成為熟蠶。這時候，蠶的胸部和腹部開始呈半透明狀，不再進食桑葉，頭部高高昂起，開始吐絲，三四天後繭子就

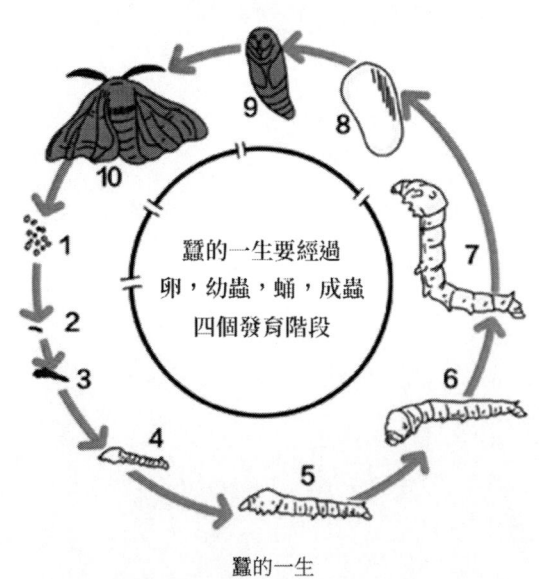

蠶的一生

第六章 霓裳錦衣的國度
纖纖玉蠶，吐絲作繭——蠶與絲

結好了。蠶結繭後，經過 10～15 天的時間，就會變成蛹，繼而羽化成蛾，破繭而出。雌蛾與雄蛾交尾產卵，然後慢慢死去。卵隨後發育成蟻蠶，開始新的生命迴圈。

蠶的真正價值在於「絲綸吐盡為人用，留得輕身一對飛」。一粒蠶繭，從頭到尾可以抽出一根長約 800～1000m 的繭絲，蠶絲纖維具有自然閃亮、柔軟舒適的優點，被世人譽為纖維皇后。

《天工開物》中記載的浴蠶

● 延伸閱讀

嫘祖始養蠶

傳說，最早發明養蠶繅絲的是軒轅黃帝的妃子西陵氏，即嫘祖。她偶然發現了在桑樹上吃桑葉的蠶蟲，而且蠶蟲會吐絲結成繭，於是她摘下蠶繭，抽出蠶絲，織成衣服穿在身上。並且，她開始栽桑養蠶，向人們傳授和推廣種桑、養蠶、繅絲、織綢的方法，從而結束了古人以樹葉、獸皮為衣的蠻荒時代，開啟了人類文明的新時代。隨後，蠶絲業逐漸在中原地區興盛起來。人們為了紀念嫘祖「養成絲綢，做天蠶以吐經綸，始衣裳而福萬民」的功德，將她尊稱為「蠶神」。

熱湯引緒，化繭成絲
——腳踏繅絲機

蠶絲的主要成分是絲素和絲膠。絲膠易溶於水，溫度越高，溶解度就越大。將蠶繭在煮繭鍋中加熱後，從頭至尾可以抽出一根長約 800～1000 公尺的蠶絲，將若干根繭絲同時抽出並利用絲膠黏在一起，這就是繅絲。之後，再經過絡絲、並絲和加撚工序，就可以製成織造所用的經緯絲線。

繅絲是絲綢生產過程中一個最重要的環節，是絲綢技術起源的關鍵。中國是最早利用蠶繭抽絲的國家，繅絲技術最早出現在新石器時期，最初為手繞或者使用手搖式的繅絲工具。腳踏繅絲車至宋代已基本定型，是在手搖繅絲車的基礎上發展而成的，與手搖繅車相比多了腳踏裝置。用腳代替手，繅絲者可以用兩隻手來進行索緒、添緒等工作，從而大大提高了生產效率。西元 4 世紀，中國的養蠶和繅絲技術傳到日本，於西元 6 世紀中期傳到歐洲，此後，義大利、法國等才開始養蠶和繅絲。

繅絲車

水轉大紡車

弦隨輪轉，眾機皆動
——水轉大紡車

  水轉大紡車是中國古代水力紡紗機械，元代時盛行於中原地區，用於加工麻紗。水轉大紡車上有 32 枚紗錠，一晝夜能紡 100 斤紗，是中國古代機械工程方面的一項重大成就，是當時世界上最先進的紡紗機械。

  水轉大紡車是一種相當完備的機器，與近代紡紗機的構造原理基本一致，已具備動力機構、傳動機構和工作機構。其動力機構為水輪，工作機構由錠子和紗框組成，水力轉動水輪，輸出動力，通過傳動機構，使 32 枚紗錠和紗框轉動，完成加撚和捲繞紗條（或絲束）的工作。

手經指掛，穿梭打緯
——原始腰機

原始腰機出現於新石器時期，廣泛應用於中國少數民族地區。使用時，將卷布軸的一端繫於腰間，雙足蹬住另一端的經軸，把所有的紗線繃緊，這些繃緊的紗線就作為經紗，用分經棍將經紗按照奇偶數分成上下兩層，形成自然梭口，以紆子或骨針引入緯線，用打緯刀打緊。這種織機的主要特徵是已經具有了上下開啟織口、左右穿緯、前後打緊三個方向的運動，是現代織布機的始祖。

原始腰機

剳剳機杼，助力織布
——漢代斜織機

漢代斜織機模型

目前所知的漢代斜織機是一種中軸式踏板織機，是從原始的織機演變而成，因織機傾斜的經面與水準的機架呈 50°~60°的傾角，故稱斜織機。它具有腳踏開口提綜、牽伸、打緯等機械功能，織工操作比較省力，織物平面也更加均勻豐滿，在中國漢代時普遍推廣使用，是華夏民族引以為豪的偉大發明。

第六章　霓裳錦衣的國度

靈機一動，巧織經緯 ——大花樓提花機

靈機一動，巧織經緯
——大花樓提花機

　　提花機是中國古代織造技術的最高成就的代表，因為它比一般織機高出一個提花裝置，其形狀好似「高樓」，所以被命名為大花樓織機。提花技術是中國古代絲織技術中最為重要的組成部分，突出特點是能夠織出複雜的、花形迴圈較大的花紋。要織造複雜的花紋，就必須將要織造的花紋資訊編製好並儲存起來，以使記憶的開口資訊得到迴圈使用。這就好比一台電腦，事先要編寫好整套程式，才可以重複運行，這在古代是一種高難度的技術。

　　原始的織機通常採用一躡（腳踏板）控制一綜（提起經線的綜框）來織製花紋，為了織出花紋，就需要增加綜框的數目，2片綜框只能織出平紋組織，3～4片綜框可以織出斜紋組織，5片以上的綜框才能織出緞紋組織。因此，要織造複雜的、花形迴圈較大的花紋組織，就必須把經紗分成更多的組，所以就出現了多綜多躡織機。根據《西京雜記》中的記載：漢代初期，巨鹿人陳寶光妻就曾經使用120躡的織機織造散花綾，這麼多的綜和躡織造起來十分費力和煩瑣。三國時期，發明家馬鈞對

大花樓提花機

中國古代黑科技：古人比你想得更厲害

織機進行了改進，將 60 綜躡改為 12 綜躡，提高了功效。花紋的複雜程度決定綜框數量的多少，由於一台織機上裝不下太多的腳踏板和綜框，只能織造花紋迴圈較小的圖案。人們為尋求更好的織造原理及方法，經過長期的摸索實踐，逐步發明了這種高聳於織機上部、控制經線起落的提花裝置。織造時，採用一躡控制一綜與提花同時作用來完成提織花紋的任務，需要兩人配合默契，一人為挽花工，坐在三尺高的花樓上挽花提綜，一人踏杆引緯織造，上下一唱一和，正所謂靈機一動，呈現出「纖纖靜女，經之絡之，動搖多容，俯仰生姿」的優美場面。

大花樓提花機

　　大花樓織機的特點是可以織造花紋迴圈很大的織物。比如，織造皇帝穿的龍袍，花紋迴圈有的長達十餘公尺。還有，明清時期許多精美的妝花織物都是由這種大花樓織機織造的。

　　提花機是中國古代一項極為重要的發明，它的出現對世界近代科技史的發展影響巨大。18 世紀，借鑒提花機的線製花本提花原理，法國人賈卡製造了提花紋版，利用打孔的紙版與鋼針來控制織機的提花，根據孔的不同位置，織出各種不同的圖案。

大花樓提花機

中國古代黑科技：古人比你想得更厲害

第七章 牆倒屋不塌的祕密

● 撰稿人／王 爽　張 瑤

1996 年，麗江古城遭遇了芮氏規模 7.0 等級的大地震。地震中，新建的鋼筋混凝土大樓紛紛倒塌，而一些老建築的土牆雖垮了，但木構架依然挺立不倒，形成了「土崩木未解，牆倒屋不塌」的奇觀。

古老的建築如何能承受如此之大的衝擊而屹立不倒呢？讓我們從 7000 年前說起吧！

驚豔 7000 年的美
——榫卯

時間推回到 7000 年前的新石器時代早期，長江下游流域有一塊凸起的高地。這裡，氣候溫暖濕潤，土地肥沃，吸引了一個氏族部落來此定居。他們就地取材，斫木蓋房，用石器將木料鑿製成帶有凹凸結構的構件，並將這些構件進行拼插，搭建起底下架空、中有圍廊、上鋪葦席的乾爽通透的房屋。

這塊高地就是位於浙江省余姚市的河姆渡遺址。1973 年，考古學家在這裡發現了新石器時期的文化遺存，其中出土了大量帶有榫頭或卯眼的榫卯構件。可見，這種榫頭和卯眼咬合的方式已經成為當時結構房屋的技術關鍵。

那麼，何為榫？又何為卯呢？榫卯，是為了使竹、木、石製等構件有效連接，在構件上人為地鑿製凸起的榫和凹陷的卯，利用榫卯結構的相互咬合以實現構件連接的工藝。在咬合過程中，榫與卯的大小和位置必須相互配合、嚴絲合縫，構件連接起來才能牢固穩定。同時，由於不使用鐵釘等進行硬性連接，好處有二：一來鐵釘等金屬件的使用往往會破壞木材纖維，而且時間久了，金屬的腐朽會加劇木材的劣化，不利於結構的長久維持。二來也是耐震的關鍵，鐵釘等的使用會使建築整體結構處於剛性聯結，一旦地震襲來，結點處由於非常牢靠反而會最先被破壞，從而導致整體結構的瓦解。而使用榫卯工藝，整體結構處於柔性聯結，地震波的外力會

河姆渡遺址發掘現場

通過榫卯處的震盪衰減很大一部分，結點也許會脫節，但不至於被破壞，這就保證了整體結構的安全。榫卯是古人非凡智慧的結晶，也是中國古代建築的靈魂。

● 延伸閱讀

魯班鎖和魯班奇緣

魯班鎖和魯班奇緣具，相傳是魯班為了啟發兒子智力而發明的。魯班鎖由6根具有凹凸構造的短木組成，短木之間通過榫卯工藝相互咬合連接，完全靠自身結構的連接支撐，而使短木垂直相交固定在一起，結構巧妙，扣合嚴密，間不容髮，易拆難裝。傳至近代，魯班鎖從最初的六根鎖，逐漸拓展到十二方鎖、十八插鉤鎖、二十四鎖等拼接拆卸難度更大的玩具類型。

魯班鎖

斗栱

既堅且美，靈動蓬勃
——斗栱

　　斗栱是中國古代漢族建築特有的一種結構。在傳統古建築中，挑起屋頂而伸出的屋簷需要一種構件來承托，古代工匠們便用短木製作出斗栱，栱托著斗，斗托著栱，層層疊疊，組成中國古建築中的至美元素。

　　斗栱是利用榫卯工藝進行拼接的構件。建築中，斗栱的功能和意義在歷史上一直發生著演變，而其基本形式則相對固定，斗是方形墊塊，栱是帶曲臂的長形構件，斗與栱重重疊加，形成繁複的構造。有的栱在建築順身方向，起著分散傳遞上部壓力的作用。有的栱在建築進深方向，起著槓桿原理懸挑上部壓力的作用。

　　斗栱的歷史「可以說與華夏文化同長」（林徽因語），「中國各代建築不同之特征，在斗栱之構造、大小及權衡上最為顯著」（梁思成語），深留著歷史文化演進的痕跡。斗栱的形象最早見於西周銅器上，而最早的實物出現在戰國中山國墓的

第七章　牆倒屋不塌的祕密
既堅且美，靈動蓬勃——斗栱

銅方案上。到了漢代，斗栱的形象一下子豐富起來，在畫像磚石、磚石墓闕、明器陶樓上處處可見，可以說漢代是斗栱發展的一個重要時期。木構建築上斗栱的最早實物可以從唐宋建築的遺存上直接看到，以山西省五臺山佛光寺大殿為代表。時至明清，我們能夠看到斗栱發展得愈發繁麗，構件有變小的趨勢，裝飾性的功能愈發增強。

從功能角度來分析，一方面，斗栱位於結構之間，起著承上啟下、傳遞荷載的作用；另一方面，由於斗栱的存在實際上增加了上下層結構間節點的數量，有效消耗了地震傳來的能量，起到抗震減災的作用。再者，將屋簷向外挑出，可把最外層的桁檁挑出一定距離，使建築物的出簷更加深遠，造型更加優美。飛簷出挑、逐層疊加的造型，給人以靈動俏麗、蓬勃向上的視覺享受。

無論從藝術或技術角度來評價，斗栱都足以體現中國古代建築的精神和氣質。如果沒有斗栱「盡錯綜之美，窮技巧之變」，就沒有中國建築的飛簷翹角，就沒有中國建築的飛動之美，就沒有中國建築「所謂增一分則太長，減一分則太短的玄妙」（林徽因語）。

● **延伸閱讀**

斗栱博物館——應縣木塔

坐落於山西省應縣佛宮寺內的釋迦塔，塔高 67.31 公尺，是世界上現存最高的古代平構建築。它更為人所知的名字是應縣木塔。木塔共計採用 50 多種各式斗栱，素來有「斗栱博物館」之美譽。

應縣木塔為樓閣式塔，塔身平面為八角形，立在一個分為上下兩層的砌石台基上。

塔身通體木質，外觀為五層六簷，內設九層，第二層以上各層平座內均為暗層。木塔明暗各層都有內外兩圈柱子，所有的柱子用梁枋連接成筒形的框架，形成了雙層套筒式結構，大大增強了塔的剛度。塔的每層由平座、柱、斗栱和屋簷組成，攢尖的塔頂，配以各層屋簷、平座和迴廊，逐層上升，精美堅固。

木塔建於遼代，至今已有 900 多年歷史。正是由於雙層套筒式結構和大量斗栱的使用，木塔縱然經歷了十餘次地震，但至今仍巍然屹立，顯示出了高超的建築技術，堪稱中國古代木製高層建築的典範。

中國古代黑科技：古人比你想得更厲害

應縣木塔模型

第七章　牆倒屋不塌的祕密
獨特的中式建築之美——木架結構

獨特的中式建築之美
——木架結構

　　與西方磚石結構的古典建築不同，中國古代建築以木構架為主要結構方式，充分利用榫卯工藝，形成了獨特的藝術風格。木構架的兩種主要方式為抬梁式和穿斗式。

一、高大恢宏的抬梁式建築

　　抬梁式是指在立柱上架梁，梁上又抬梁的房屋建築方式，也稱疊梁式，在春秋時期已完備。抬梁式構架沿著房屋的進深方向，在石礎上立柱，柱上架梁，再在梁上重疊數層柱和梁，最上層梁上立脊柱，構成一組木構架。進而，在相鄰木架間架檁，檁間架椽，構成坡頂房屋的空間骨架。這種形式的特點是室內局部空間開闊、容易分割，但用料較大，施工複雜，主要應用於廟宇宮殿等官式建築及北方民居當中。

● **延伸閱讀**

屹立千載，優雅雄渾——佛光寺大殿

山西省五臺山佛光寺大殿為現存四大唐構建築之一，至今已有1000多年歷史。佛光寺大殿集中反映了抬梁式建築的特點，在中國乃至世界建築史上都佔有重要地位。

佛光寺大殿模型

中國古代黑科技：古人比你想得更厲害

二、精巧輕便的穿斗式建築

穿斗式是指以柱直接承檁，無須通過梁傳遞荷載的房屋建築方式。穿斗式構架沿著房屋的進深方向立柱，用穿枋把立柱縱向串聯起來，形成一榀榀屋架，檁條直接安裝在柱頭上，由此形成一個整體框架。這種形式由於立柱排布密集，使得室內分割空間受到限制，但其優點是用料經濟，施工簡單。穿斗式建築形式最早見於漢代畫像磚，至今仍為南方諸省普遍採用。

穿鬥式建築模型

我們再回到文章開始提到的麗江古城。麗江古城始建於宋末元初，距今已有 800 年歷史。麗江納西民居建築一般為二層木結構樓房，採用穿斗式構架，疊土為牆，覆瓦為頂，設有外廊，是典型的南方建築類型。木構架建築以木柱承重，土牆僅僅起到分隔房間的作用，不參與承重。木構架依靠榫卯連接，構成了一個富有彈性的框架。地震時，這種結構依靠變形耗散了一部分能量，因此抗震能力強。這正是麗江古城在地震中「土崩木未解，牆倒屋不塌」的原因所在。

第八章 跨越古今的橋梁

● 撰稿人／王 爽

中國古代黑科技：古人比你想得更厲害

1970年代末，一批超重大型設備需要從北京永定河上通過，但由於載重量巨大，幾座新橋都不能勝任。經多方測試，運輸部門決定讓一座古橋來完成這件「不可能完成的任務」。當承載著 429 噸重量設備的超長車輛從橋上經過時，橋的拱券最大下沉量為 0.52 毫米，這是那些新橋所不能承受之重，而這座已經有 800 年橋齡的古橋卻舉重若輕、巋然不動。設備順利通過，古橋橋體安然無恙，人們不禁產生了由衷的讚嘆和無限的敬仰，向這座古橋致敬，更要向古橋的建造者——勤勞智慧的中國古代人民致敬！這座橋，就是聞名中外的盧溝橋。關於它，關於中國古橋，還有很多故事要講……

一橋飛架南北，天塹變通途
——橋梁的由來

橋梁，是人們用來跨越山谷河流的特殊建築。遠古時代，受到鬼斧神工的天生橋、傾倒溪澗的枯木或者懸掛山谷的藤蘿啟發，人們開始建造橋梁。倒木成橋、一蹴而就的獨木橋，投石於水、踏石過河的汀步橋，扭藤折枝、鋪木成路的藤橋，橋梁的發展由此開端。悠久繁盛的歷史文化，廣袤多樣的地域山形，使中國出現了跨度不一、造型各異、材質迥然、工藝懸殊的各式橋梁。通過各個歷史階段的發展和積累，中國橋梁由粗至精、自簡趨繁，呈現出了一個科技與藝術、歷史與人文、自然與社會完美交融的錦繡世界。

第八章　跨越古今的橋梁
江山多嬌，橋梁嫵媚 ── 橋梁的類型

江山多嬌，橋梁嫵媚
──橋梁的類型

一、通達的梁橋

　　梁橋是古代最普遍，也是最早出現的橋梁類型。把木頭或者石梁架設在需要通過的山谷河流之上，就成了梁橋。它結構簡單，外形平直，有利於人行過往、牛走耕收，是民間最為常用的一種橋型。北魏酈道元所著《水經注》中記錄了山西省汾水上一座始建於春秋時期的木柱木梁橋，橋下有 30 根柱子，每根柱子直徑 5 尺，這是目前所見古書記載的最早的梁橋。時至漢代，梁橋普及，山東省沂南出土的漢墓畫像石上已經刻有石梁橋的圖案。發展到唐宋時代，聞名天下的石梁橋不斷出現，為人類留下了珍貴的歷史遺跡。

二、起伏的拱橋

　　跟筆直通達的梁橋不同，拱橋在造型上豐富多姿，如駝峰，似滿月，起伏變幻，千姿百態。拱橋有單孔和多孔之分，多孔以奇數居多，中孔一般最大，兩邊孔徑依次按比例遞減，自然落坡至兩岸地面，迎行人上橋。可見，橋孔越高大隆起，越利於橋下通船行舟，這是拱橋相較於梁橋的一大優勢。

　　另外，拱橋比例協調、起伏自然，與水面的倒影相映成趣，給人以圓滿和諧之感，望之令人賞心悅目。拱橋興於漢代，現存較早的多為宋代拱橋。

拱橋

三、靈動的索橋

　　中國西南地區山高穀深，岸陡水急，不適於立柱建橋。而溫和的氣候使藤竹繁茂堅韌，於是人們就地取材，用竹、藤為骨幹相拼懸吊，形成了最初的索橋。據記載，西元前3世紀，四川省境內便已出現竹索橋。由於中國冶鐵工業發展較早，至遲到春秋晚期已能鍛造鐵器，因此戰國時期已出現鐵鍊橋。15世紀起，中國索橋隨著外交、宗教、商業等各種途徑傳播到西方。

第八章　跨越古今的橋梁
跨越山水，跨越古今——中國古代四大名橋

跨越山水，跨越古今
——中國古代四大名橋

一、橋中壽星：趙州橋

　　在河北省趙縣洨河之上，有一座舉世聞名的石拱橋——趙州橋。趙州橋又叫安濟橋，建於隋代，設計者李春。趙州橋是世界上第一座單孔敞肩式石拱橋。

　　趙州橋圓弧扁平，在實現大跨度的同時方便上下橋同行，體現了很高的造橋技術。同時，創造性地在橋梁大拱兩肩各設兩個小拱，將以往橋梁的實心橋肩改為空心橋肩，故稱敞肩拱。敞肩拱具有增加洩洪能力，節省材料，減輕橋身自重，提高承載力等優點。拱石縱向連接處通過鐵拉杆連接，使拱券成為一個堅實的整體，增加了橋梁的穩定性。另外，河心不立橋墩，石拱跨徑長達 37 公尺，也是中國橋梁史上的空前創舉。

　　在漫長的世界橋梁史中，趙州橋以超前的技術領先數百年。直到 700 多年後，法國泰克河上才出現了世界上第二座敞肩式石橋——賽雷橋，但在使用 600 年後便損壞了。而趙州橋經歷多次地震始終屹立不倒，經過數次維修至今還在使用中，堪稱世界橋梁建築的奇跡，更是名副其實的橋中壽星。

趙州橋

中國古代黑科技：古人比你想得更厲害

二、橋中狀元：洛陽橋

洛陽橋，又名萬安橋，位於福建省泉州市的洛陽河口，是中國現存年代最早的跨海梁式石橋，建於宋代，設計者蔡襄。

洛陽橋在建造過程中，採用了許多史無前例的科學方法：在橋基下拋填大量石塊，形成一條橫跨江底的矮石堤，在石堤上建橋墩，是現代橋梁工程中「筏形基礎」技術的先驅。用長條石縱橫疊砌成船型橋墩，船頭尖細，利於分水，且造型優美、結構堅固。在橋墩基礎上種殖牡礪，利用其附著力強、繁殖速度快的特點，把橋基和橋墩牢固地膠結成一個整體，這就是在世界橋梁史上由中國人開創先河、把生物學技術應用於橋梁工程的種蠣固基法。另外，利用潮汐漲落，漲潮時運送石梁至指定位置，退潮時石梁隨海潮自然降落架設，從而完成橋面鋪設任務的浮運架梁法，也被應用於洛陽橋的建設之中。因時而動，順勢而為，中國古人把這一哲學思想巧妙地運用到改造自然的實踐之中，可謂高妙絕倫。

洛陽橋的建成是中國古代橋梁建築史上的偉大創舉，也是世界建橋史上的光輝一頁，中國著名橋梁專家茅以升教授曾盛讚洛陽橋為「福建橋梁的狀元」。

洛陽橋

廣濟橋

三、橋中仙子：廣濟橋

廣濟橋，位於廣東省潮州市，始建於南宋，是世界上第一座啟閉式橋梁。它的建造歷時3個多世紀，寄予和傳達了幾代人的精神風貌。

不同於其他橋梁，廣濟橋是集梁橋、拱橋、浮橋於一體的複合式橋梁，這一獨特的建築形式在中國古代建橋史上堪稱孤例。廣濟橋由東西二段石梁橋和中間一段浮橋組合而成，浮橋由18艘木船拼接而成，由於船型如梭，古稱梭船。梁橋則由24座橋墩支撐，橋墩亦稱洲，因此形成了「十八梭船廿四洲」的獨特景觀。同時，中間的浮橋可開可合，便於洩洪或通航，成為世界上最早的啟閉式橋梁。「一里長橋一里市」，是廣濟橋令讓人神往的另一特色。建在橋墩上的亭屋樓臺鱗次櫛比，不但能增加橋身重量，增強穩定性，而且茶樓酒肆旌旗招展，可供行人擋風避雨、途中小憩，儼然成為一座充滿活力的「橋市」。

煙波浩渺的江水之上，變幻的造型，蜿蜒的樓臺，飛翹的亭簷，使廣濟橋宛若橋中仙子。

四、橋中英雄：盧溝橋

盧溝橋建於金代，位於北京永定河之上，因永定河在清朝康熙年間叫盧溝，故稱盧溝橋。由於義大利旅行家馬可波羅在其遊記中記載了此橋，因此外國人稱其為馬可波羅橋。盧溝橋為11孔石梁橋，全長266.5公尺，是華北地區最長的古代石橋。

中國古代黑科技：古人比你想得更厲害

　　盧溝橋的基礎建於堅實的河床上，橋墩還打有木樁。橋墩的形式則為船型，迎水一面砌成尖狀，並安裝三角形鐵柱，以其之尖銳破碎浮冰，保護橋體。盧溝橋橋拱採用縱聯式砌券法，使整個拱券成為一體。拱券與橋墩各部分石料之間，使用鐵榫加固，堅不可摧。在金代便有名滿天下的「盧溝曉月」美景以及橋上數不清的石獅子。

盧溝橋

　　青山綠水間，山崖溝壑處，雖然材質各異、形態萬千，但每一座橋梁都以「跨越」的姿態呈現於世，或靜臥在溪流之上，或橫亙於懸崖之間，從古至今，卓然而立。然而，一座座橋梁跨越的，不僅僅是地域和阻隔，還有歷史和文化，更有時代的使命和對未來的期許。

第九章 由鄭和下西洋說起

撰稿人／王 爽

中國古代黑科技：古人比你想得更厲害

1405 太倉劉家河港口，一隻空前龐大的船隊收錨揚帆、整裝待發，其規模和氣勢令人歎為觀止。甲板上，一位目光堅毅、氣度不凡的年輕人肅穆佇立，俯瞰著這支當時世界上最龐大、最先進的船隊。在此後的 28 年間，他以大無畏的精神和超凡的勇氣，率領這支船隊先後七次出海遠航，進行了當時世界上規模最大、航程最遠的航海旅行。這是中外航海史上亙古未有的壯舉，也是人類拉開大航海時代序幕的象徵。他究竟是誰？這支龐大的船隊是如何建造起來的？他又緣何能完成如此壯舉呢？讓我們細細說來吧！

舟船起源

一、腰舟

水上交通工具產生於原始社會的漁獵時期。為了獲取生活資料，人們利用葫蘆體輕、耐濕、浮力大的特點，將其栓在腰間渡河，形成了人類最早的渡水工具——腰舟。

二、浮囊

當人類飼養牲畜後，在某些地區出現了用牲畜的皮囊製成浮囊作為渡水工具的情況。將牲畜的整張皮翻剝下來，留一個蹄孔作為充氣孔，充氣並結紮後，便可以作為浮具使用了。浮囊製作簡單，攜帶方便，曾在中國長江和黃河上游廣泛使用。

第九章　由鄭和下西洋說起
舟船起源

《武經總要》中描繪的浮囊

三、筏

腰舟和浮囊的出現為人類的生產生活提供了便利，但二者有一個共同的缺點：使用浮具的人身體會半浸在水中，人的手足必須用以划水而不能攜帶物品，而且一個浮具只能供一人使用。隨著生產力的發展，人們將若干浮具並排捆紮起來，出現了將人置於水面之上、可供多人乘坐的筏。根據取材不同，有木筏、竹筏、皮筏之分。將許多浮囊編紮在一起就是皮筏，組成皮筏的皮囊少者有6至12個，多者可達500個，其規模和運力可見一斑。目前，黃河流域仍可體驗到這種古老的渡河方式。

四、獨木舟

雖然葫蘆、浮囊和筏都可以作為渡水工具，但直到獨木舟的出現，人類文明史上才出現了第一艘真正意義上的船。

1973年，浙江省余姚市河姆渡新石器時代遺址出土了7000年前的雕花木槳，根據「有舟未必有槳，有槳必定有舟」的說法，專家確定中國獨木舟最遲形成於8000年前的新石器時代。2002年，浙江省杭州市跨湖橋遺址出土了8000年前的獨木舟，使這一論斷得到證實，凸顯了中國舟船文化歷史的悠久與輝煌。

五、木板船

在相當長的歷史時期內，獨木舟是最主要的水上交通工具。為了提升舟船的運力，由數段木料拼接而成，在製作時可調整船體大小的木板船應運而生。木板船最晚產生於商代。春秋戰國時期，南方已有專門的造船廠——船宮。自此，古人用智慧和勤勞譜寫了古代中國造船業和航運業雄踞天下、威震四海的輝煌篇章。

中國古代黑科技：古人比你想得更厲害

中國古代造船技術四大發明

一、水密隔艙

水密隔艙是用艙壁板把船艙分成多個互不相通的隔艙，若其中一個隔艙進水，其他隔艙不會受到影響，以確保船舶整體的安全。另外，損壞隔艙修補後，船舶依然可以完好如初，繼續航行。提高船舶的抗沉性是水密隔艙的最大作用。除此之外，由於艙壁與船殼板緊密連接，有效地固定了船體，增加了船舶的橫向強度。

水密隔艙技術是人類造船史上的一項偉大發明，是中華民族對世界造船業的重要貢獻，它的出現對提高航海安全起到了革命性作用。中國最遲在唐代開始使用該技術，江蘇省如皋市出土的唐代木船設有 9 個水密隔艙，這是世界上目前已知最早的實物證據。宋元時期，該技術得到廣泛應用，泉州灣出土的南宋海船設有 13 個水密隔艙。而在西方，直至 18 世紀才開始使用該技術。時至今日，水密隔艙技術在世界造船業仍然受到高度重視，其結構仍是船體結構中的重要組成部分。

明代福船水密隔艙

第九章　由鄭和下西洋說起
中國古代造船技術四大發明

二、車船

　　車船出現之前，槳是船舶推進的主要工具。車船將槳片裝在輪子周邊改為槳輪，一輪叫作一車，因此稱為車船。車船通過人力腳踏轉軸，使槳輪連續不斷劃水而推動船體前行，可按船寬安裝多組腳踏板，由多人同時踏之，則行船如飛，勢不可當，大幅提高了推進效能和船速。

　　車船使船舶的推進方式有了一個飛躍，達到了半機械化的程度，成為古代船舶人力推進技術的最高水平，堪稱現代輪船的始祖。車船發端於晉代，興盛於宋代，其發明和應用比西方早了 1000 年，成為中國古代造船技術中的又一項重大發明。

● 延伸閱讀

車船與採石之戰

　　1161 年冬，40 萬金兵抵達採石（今安徽省馬鞍山市西南），準備強渡長江，進逼臨安。奉命犒軍的文官虞允文臨危受命，挺身而出，帶領區區 1.8 萬名宋軍將士浴血奮戰。戰役之中，宋軍的車船發揮了空前強大的戰鬥力，其「迅駛如飛」的氣勢和威力，令敵軍「相顧駭愕」。不久，金兵潰敗而逃。採石之戰創下了以 1.8 萬人勝 40 萬人的輝煌戰績，是中國歷史上以少勝多的著名戰役。這其中，虞允文作為抗金英雄名垂青史，而車船作為宋軍的取勝法寶則功不可沒。

三、舵

　　1950 年代，在廣州一處東漢墓葬中發現了一件距今 2000 年的陶船明器。該陶船佈局合理，功能齊全。最為引人注目的是，船尾有一支原始形態

陶船（複製件）

中國古代黑科技：古人比你想得更厲害

的舵，這是目前發現的世界上最早的舵。舵是控制和操縱船舶行進方向的工具。在海上活動早期，舟船的航向靠槳操縱，尾部操縱槳的槳葉面積逐漸增大而逐步演變成舵。小小的船舵通過槓桿原理，能使龐大的船體自由轉向，在船隻行駛過程中起著舉足輕重的作用。舵產生於漢代，是中國人對世界造船史的一項重大貢獻。

舵

四、硬帆

　　世界上關於帆的最早記載，出現在古埃及，時間是西元前 31 世紀。中國上古時代用楫，帆最遲在戰國出現，到東漢時技術成熟。經過 2000 多年的發展，中華帆形成了明顯區別於古埃及、阿拉伯等地三角形或方形軟帆的，獨具特色的矩形和扇形硬帆。

　　中華硬帆多用竹篾和蒲葉編成，橫向結紮成排的竹竿，支撐均勻，堅硬結實，便於折疊和調整角度，以利用側風。同時，帆架和索具安排巧妙，船員在甲板上就可以操縱帆的升降。而西方的軟帆，無論升降都需要船員爬到桅杆上面去操作，效率低下，而且過程危險。

　　能利用八面來風是中華帆的最大優點。西方軟帆在順風時，船速很快，而一旦風向轉變，帆的作用便微乎其微。中華硬帆卻可以利用側向風，甚至斜逆風，通過帆與舵的配合，對來風與水流或迎或拒，走「之」字形航跡，充分利用了八面來風，不減航速，揚帆前行。

第九章　由鄭和下西洋說起
中國古代三大船型

中國古代三大船型

一、唐代船舶的代表：沙船

沙船是中國古代最主要的船型之一，發源於長江下游的上海崇明。沙船平底、方頭、方艄，具有寬、大、扁、淺的特點，是一種適於在多沙灘航道上行駛的大型平底帆船。沙船在中國航運史上佔有重要地位，自唐代問世以後，一直是中國內河航運的主要船型。清代道光年間，僅上海就有沙船5000艘，全國沙船總數在萬艘以上，足見其地位。

二、高大富貴的福船

和沙船一樣，福船也是中國古代最主要的船型之一。與沙船不同的是，福船尖底、昂首、翹尾，吃水深，長寬比小，是一種適於在深海遠航的大型尖底帆船。福船因在福建沿海建造而得名，因船首兩側有一對凝視深海的船眼而聞名。作為戰船使用的福船全船分為4層，下層裝土石壓艙，二層住兵士，三層是主要操作場所，上層是作戰場所，居高臨下，弓箭火炮齊發，往往能克敵制勝。福船是中國尖底型海船的典型代表，也是中古時期世界上最先進的船型。

福船模型

中國古代黑科技：古人比你想得更厲害

三、抗倭戰船：廣船

廣船源自廣東，具有頭尖、體長、梁拱小的特點，甲板的弧脊不高。廣船的橫向結構由緊密的肋骨和隔艙板構成，縱向強度則依靠龍骨支撐，形成了堅固耐用、適航性好、續航性強的特點。廣船為滿足明代東南沿海抗倭的需要而產生，經改良加裝了佛郎機後，可拋擲火球，在肅清倭患的戰鬥中作出了突出貢獻。

超前軼後、冠絕古今的壯舉
——鄭和下西洋

鄭和，明朝航海家、外交家。原姓馬，名和，後因戰功卓著，被明成祖朱棣賜姓鄭，改稱鄭和。他，就是本章開篇提到的那位站在甲板上沉思的年輕人。

在1405至1433年的28年間，鄭和以正使太監的身份先後率領船隊7次下西洋，遍訪東南亞，橫跨印度洋，直抵紅海，到達非洲東海岸，拜訪了30多個國家和地區。與同一時代的西方航海活動相比，鄭和下西洋比哥倫布發現美洲早87年，比達·伽馬繞過好望角抵達印度早92年，比麥哲倫環球航行早114年。在規模上，鄭和船隊是當時世界上最龐大的船隊，最多時船舶總量達208艘，人數達27800人，其中的大型寶船排水量在10000噸以上，堪稱世界上最早的萬噸巨輪。這與哥倫布船隊3艘船88人、旗艦船排水量250噸，達·伽馬船隊4艘船170人、旗艦船排水量400噸，麥哲倫船隊5艘船265人、旗艦船排水量110噸相比，簡直不可同日而語。

寶船是鄭和船隊中的帥艦，有大、中、小三種型號，共有63艘，其中鄭和乘坐的大型寶船體長超過140公尺，寬度超過50公尺，堪稱「巨無與敵」，是當時世界上最大的船。寶船採用適於遠洋航行的福船型，高大如樓，體勢巍峨，具有優秀的穩定性和舒適性。甲板上高聳的九桅十二帆，使寶船航行起來恍若「維綃掛席，際

天而行」，在廣袤無垠的大海上，乘風破浪，播撒文明。

鄭和下西洋的成就，是當時世界上任何其他國家都無法取得的，也是中華民族外交史上的偉大創舉，更是中國古代造船和航海技術的一次全面展示。然而，七下西洋既罷，明代的海禁政策使長久雄踞於世界前列的中國古代造船和航海事業戛然而止、一落千丈，甚至逐步陷於屈辱挨打的悲慘境地，使鄭和下西洋成為超前軼後、冠絕古今的千古絕唱。

中國古代黑科技：古人比你想得更厲害

第十章 奇妙的車輛

撰稿人／陳 康

中國古代黑科技：古人比你想得更厲害

現代交通運輸在中國的興起是以 1876 年中國修建了第一條鐵路、1902 年進口了第一輛汽車、1906 年修建了第一條現代公路為標誌。隨著經濟的快速增長和科學技術的不斷進步，飛機、火車、汽車、輪船等交通運輸工具迅猛發展。現在滿街奔跑的都是汽車，人人都可以感受現代化交通的便捷。然而，在漫長的歷史長河中，中國古代車輛的發展狀況是怎樣的呢？殷墟考古發掘的商代車馬坑給了我們答案，它是中國境內考古發現的畜力車的最早實物標本。可見，中國古代勞動人民運用聰明智慧，取得了車輛機械創造方面的輝煌成就。

指南車

指南車是中國古代用來指示方向的一種機械裝置，與利用磁鐵在地球中的磁性效應製成的指南針在原理上截然不同。指南車從外形上看，是一輛雙輪獨轅車，車內安裝有自動離合齒輪定向系統，車上立有一個木頭人，一隻手臂向前伸直指示方向。行車之前，根據天象將木頭人的手臂指向南方，行車後無論車子如何改變行進方向，在車內自動離合齒輪系統的定向作用下，木頭人的手臂始終指向南方。指南車的起源有多種說法，如傳說黃帝與蚩尤作戰時，蚩尤使法起大霧，黃帝造指南車為士兵領路。文獻記載，製造過指南車的有東漢張衡、三國時代的馬鈞、南齊的祖沖之等。

指南車既是戰場上指示方向的機械裝置，又是皇帝御駕出行時的一種儀式用車，用以增加皇帝的威儀。

指南車模型

● 延伸閱讀

涿鹿之戰

　　相傳，在距今約 4600 年前的河北省涿鹿一帶，黃帝部落與蚩尤部落進行了一場大戰。戰爭曠日持久，持續三年，交鋒 72 次，都沒有取得勝利。黃帝和炎帝雖然組成聯軍，但依然不是蚩尤的對手。史書記載，黃帝曾「九戰九敗」。蚩尤部落憑藉其製作銅製兵器的先進技術，銅製兵器精良，士兵勇猛善戰，占盡了優勢。而黃帝率領的北方部落削木為槍，捆石成斧，很難抵擋蚩尤部落的尖兵利器。此外，天氣也一直困擾著處於下風的黃帝和炎帝聯軍。濃霧、大風和暴雨，經常使得黃帝的軍隊迷失前進方向。於是，發明具有辨別方向功能的機械裝置，成了黃帝部落的當務之急。經過不懈努力，黃帝發明了在戰場上指示方向的指南車，憑藉指南車在大霧彌漫的戰場上指示方向，戰勝了蚩尤部落，生擒了蚩尤。

　　這個傳說流傳很廣。事實上，黃帝部落確實與蚩尤部落發生過戰爭，但指南車是否為當時發明，其形制如何，尚無從考證。

中國古代黑科技：古人比你想得更厲害

記里鼓車

　　記里鼓車是中國古代用於記錄和報告行車里程的機械裝置。它是獨轅雙輪車，利用齒輪機構的差動關係來實現記里功能。它分上、下兩層，上層設置一鐘，下層設置一鼓。車行駛一里時車上木人敲鼓一次，行駛十里時車上木人敲鐘一次，坐在車上的人便由此知道車輛行駛的里程。從它的內部構造來說，其科學原理與現代汽車上的里程表大同小異，所應用的減速齒輪系統已相當複雜，可以說是現代車輛計程儀的先驅，也是減速齒輪及里程表的始祖。

　　相傳，記里鼓車最初由張衡製造，但一直以來都沒有留下詳細記載。《宋史·輿服志》裡對記里鼓車的結構有過大體描述。中國科技館展出的記里鼓車模型是後人結合史料記載與漢代畫像磚中「鼓車」的圖型進行復原的產物。

記里鼓車模型

第十章　奇妙的車輛
記里鼓車

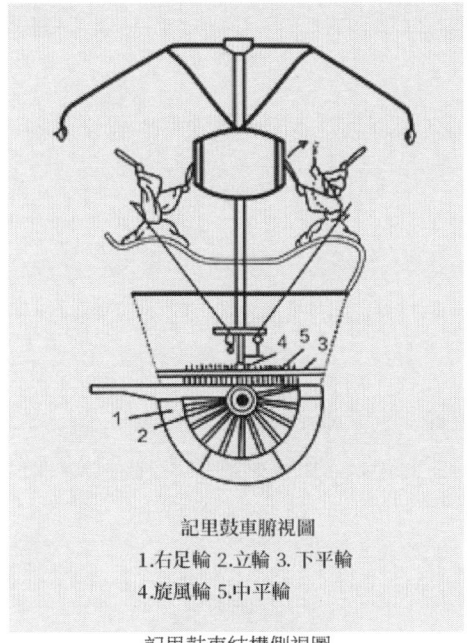

記里鼓車腑視圖
1.右足輪 2.立輪 3.下平輪
4.旋風輪 5.中平輪

記里鼓車結構側視圖

記里鼓車模型

● **延伸閱讀**

計程車是誰發明的

我們大多數人都有「叫計程車」的經歷。計程車因其具有記錄里程的功能，而被稱為計程車。如果有人問你最早的計程車是誰發明的，你可能會猜是外國人。現代里程表的發明人是18世紀的美國人班傑明‧富蘭克林，可是他的發明比記里鼓車晚了1600多年。最早的「計程車」是由中國古人發明的記里鼓車。

95

中國古代黑科技：古人比你想得更厲害

獨輪車

　　獨輪車是一個人便可以駕馭的輕便陸地運輸工具，俗稱手推車。由木製車體及車輪組成，車體的中間只設一個車輪，操作方便，用途廣泛。原動力主要是人力，既可一個人在後面用手推動，又可前面一個人拉，後面一個人推動，其運輸能力幾倍於人力擔挑或畜力馱載。由於主要是獨輪負載，輕鬆省力，便於操控，尤其在崎嶇的小路上使用更能顯示出獨輪車輕便、靈活的優越性。

　　獨輪車的圖形最早見於東漢畫像石。三國時期以後，獨輪車被廣泛使用，是中國歷史上延續最久的交通運輸工具，現如今在中國廣大農村仍有使用。陳毅元帥曾經說過，淮海戰役是山東人民用小車推出來的。這裡的「小車」就是指獨輪車。

獨輪車

第十章　奇妙的車輛
春車

● 延伸閱讀

木牛流馬

宋代就有人把木牛流馬和獨輪車相提並論，如宋真宗時，楊允恭曾建議依照「諸葛亮木牛之制」，用「小車」運送軍糧。這裡的「小車」就是獨輪車。史載，木牛流馬是諸葛亮在建興九年至十二年於北伐時所使用。一般都認為木牛流馬是諸葛亮的發明，但也有持不同意見者。有專家認為，「木牛」和「流馬」是兩種不同的運載工具，分別用於陸地和水運。獨輪車開始時被稱為「鹿車」，這個名稱一直沿用至魏晉。北宋時，在沈括的《夢溪筆談》中才出現「獨輪車」、「獨輪小車」的名稱。

春車

春車是中國古代一種行進式的糧食加工機械，將碓置於馬車或其他畜力車上，即由立輪軸上裝凸輪式撥子，撥動春杆，邊行車邊春米。

春車於西元 333～349 年間由解飛和宮廷工匠魏猛變創造。用馬或其他畜力拉春車，免除了人的勞動，而且在行軍時加工軍糧也節約了時間。

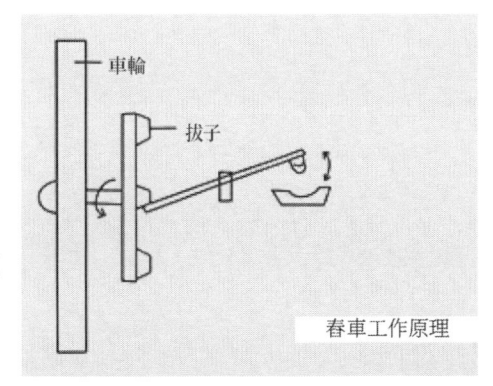

春車工作原理

春車模型

磨車

磨車是中國古代一種行進式的糧食加工機械，在馬車或其他畜力車輪上附立輪，立輪帶動一個平輪，平輪中軸上方裝石磨，車輪的轉動帶動石磨旋轉工作，即車行磨轉，實現磨面之目的。

磨車又叫行軍磨，大約出現在南北朝時期，優點是行軍、磨面兩不耽誤，主要是軍用。

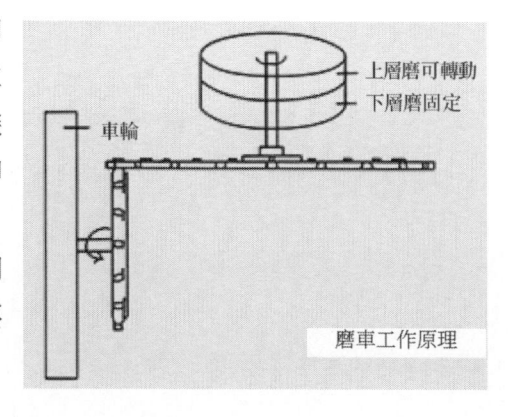

第十章　奇妙的車輛
磨車

● **延伸閱讀**

圓形石磨

　　圓形石磨是中國古代人在機械方面的一大發明。相傳，磨是魯班發明的，早期多稱為磑（ㄨㄟˋ）後來叫磨，多以人力、畜力、水力驅動。石磨皆分上、下兩扇，兩扇都是用一定厚度的大石塊雕鑿成扁圓柱形。磨盤固定架設到相應的高度，下扇固定在磨盤上，並在圓心處加裝鐵製短立軸；上扇圓心處設有一個和下扇短立軸匹配的套洞，偏圓心處設多有貫通磨眼。上、下兩扇接觸面分別加工出磨齒，磨齒相對，通過短立軸結合。當穀物由磨眼流到磨齒處時，轉動上扇，將其磨成粉末，並從上、下兩扇磨齒縫隙處流到磨盤上，羅篩後得到麵粉。

石磨模型

第十一章 古人的醫療與健身

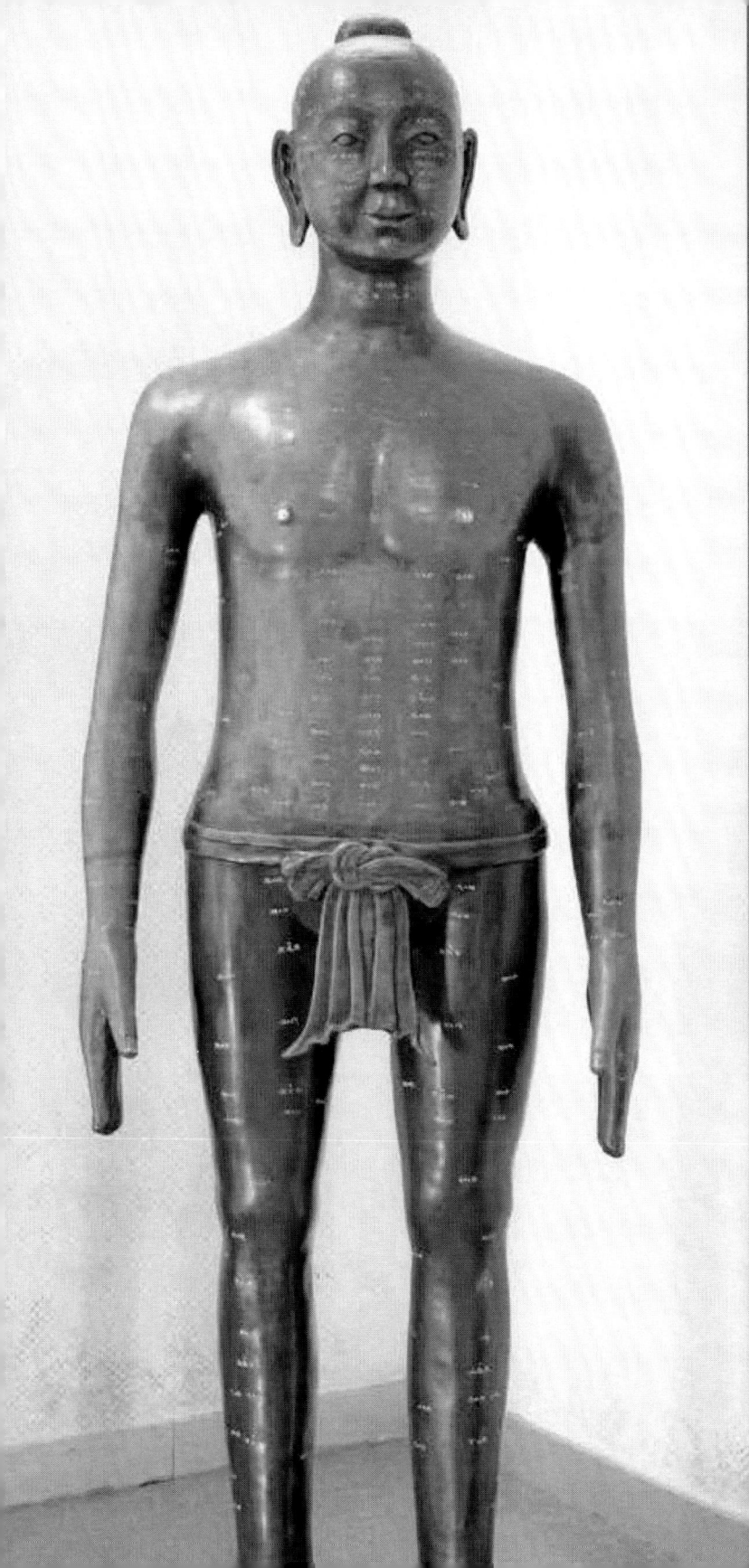

● 撰稿人／常 鈹

中國古代黑科技：古人比你想得更厲害

「岐黃」二字，指的是岐伯和黃帝。相傳，岐伯是上古時代的名醫，曾任黃帝的醫官，傳世本《黃帝內經》便是以岐伯等與黃帝對話的形式寫成。該書是中國現存最早的一部醫學典籍，被譽為中國古代醫學理論的基石。因此，「岐黃」便成為了中醫的代名詞。

中國科技館「岐黃牌樓」

第十一章　古人的醫療與健身
老中醫的透視眼 ——望、聞、問、切

老中醫的透視眼
——望、聞、問、切

　　提起中醫，可能大家最先想到的就是老中醫，他們通過長年累月的實踐積累了大量臨床經驗，各個身懷絕技。古書云：「望而知之謂之神。」意思是指，大夫們只要看到病人，就能清楚地說出疾病的位置、發病的階段，甚至還能夠判斷疾病的發展，就好像安了「透視眼」一樣，能把病人看穿。實際上，老中醫能做到對病人的「透視」，並不是僅僅用眼睛觀察，在實際診療的過程中是要用「望、聞、問、切」四診合參才能準確瞭解病人的情況。

　　望診是通過看患者的神態、面色、身體、舌象，以及分泌排泄物的異常變化，而進行診斷。聞診是通過聽患者的聲音、呼吸、咳嗽、呃逆、噯氣，甚至是說話時的語調、音色、語速和語氣，而進行診斷。問診是大夫與患者及患者家屬溝通的一種方式，大夫通過問患者身體感覺的冷熱、出汗的情況、疼痛的部位及方式、二便的情況、睡眠的品質以及月經帶下的情況等，而進行診斷。切診是大夫通過觸摸患

診脈

中國古代黑科技：古人比你想得更厲害

者脈搏來獲取疾病資訊的一種診斷方法。

小穴位，大健康
——針灸與按摩

當老中醫通過望聞問切把病人的疾病看清楚後，接下來就應該開方子抓藥了吧？其實不然，中醫在治療疾病上是講究順序的，唐代名醫孫思邈提出：由於所有藥物在治病的同時都用一定的副作用，大夫通過四診確診疾病以後，應該先用食療、針灸、按摩、拔罐這種毒副作用小、安全方便的方式來治病，如果治不好，再採取中藥方劑的手段。

按照中醫經絡學說，在體表下運行的經絡系統是運行氣血、聯繫臟腑和體表及全身各部的通道。而我們常說的穴位，經絡學中應該稱為腧穴，腧指輸送，因此腧穴是在人體臟腑經絡上氣血輸注的特殊部位。通過在經絡和穴位上施以相應的刺激，能夠調理人體的陰陽平衡和臟腑機能，從而達到治療疾病的目的。

針灸、按摩都是通過對穴位進行物理刺激的治療方法，按摩是通過推、按、捏、揉等按摩手法刺激體表穴位。針灸是針法與灸法的總稱。針法是一種將針具刺入患

● 延伸閱讀

針灸教學的腦洞大開——針灸銅人

北宋仁宗天聖年間，王惟一設計並主持鑄造了兩件針灸用的銅人，銅人與真人大小相似，胸腹腔中空，腔內鑄有心、肝、脾、肺、腸、胃等內臟，銅人表面鑄有經絡走向及穴位位置，穴位鑽孔。據記載，當考核學生掌握針刺技術的熟練程度時，先在銅人表面塗上一層黃蠟，並將銅人體內灌滿水。學生用針紮刺穴位，如果紮得準確，水就會由孔中流出，否則無水流出，以此考定成績。

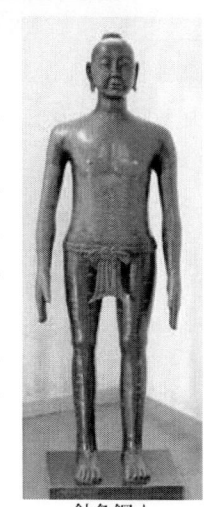

針灸銅人

第十一章　古人的醫療與健身
小穴位，大健康——針灸與按摩

者體內對穴位進行刺激的方法。灸法是利用燃燒的艾草在患者體表穴位之上燒灼、熏熱，對穴位進行熱刺激。針灸有著悠久的歷史，古人最早使用砭石來切割腫瘍、放血，後逐漸演變成金屬製成的「九針」，即《黃帝內經》中所述鑱針、圓針、鍉針、鋒針、鈹針、圓利針、毫針、長針和大針。

菲爾普斯的新「紋身」
——拔罐

了解了針灸按摩，下面我們來看看拔罐。眾所周知的「飛魚」菲爾普斯是世界泳壇的一個奇跡，而就在2016年的奧運會賽場上，菲爾普斯身上一塊塊印記成為了外國網友們熱議的話題，很多網友都認為這是菲爾普斯的新紋身。可是中國的網友們一眼就看出來，這是傳統醫學「拔火罐」所留下來的痕跡。

拔罐，古稱「角法」，是一種利用獸角、竹罐、瓶罐為工具，利用加熱、燃燒、抽吸等方法排出罐內的空氣產生負壓，使其吸附於身體表，造成皮下充血或瘀血，從而調節陰陽平衡、去除病邪毒膿、刺激機體恢復的一種治療手段。拔罐作為中醫常用的治療手段，其廉價高效的特點深受廣大群眾的喜愛。

● **延伸閱讀**

看似可怕的神奇療法——刮痧

刮痧療法同針灸、按摩、拔罐一樣，是一種以經絡學說為基礎的安全快速的中國傳統特色療法，雖然看似可怕，但是就像良藥苦口一樣，這種可怕的療法卻有著神奇的療效。它藉助刮痧工具反復進行刮、擠、揪、捏、刺等方法，使皮膚表面呈瘀點、瘀斑狀態，對體表脈絡進行良性刺激，進而達到解表祛邪、開竅醒腦、清熱解毒、行氣止痛、運脾和胃、化濁祛濕、化瘀散結消癰等功效。

中國古代黑科技：古人比你想得更厲害

「嘗」出來的醫療資料庫
——中藥

中醫理論和中藥知識都是中華民族幾千年來在與疾病抗爭的過程中不斷積累和總結出來的，而藥物的知識更是來源於古人對自然界中的各種植物、動物以及礦物等物質的觀察、實驗乃至親自的品嘗。通過總結這些經驗，中國古人給數千種藥物賦予了四氣五味、升降沉浮、歸經的性質，而且加以利用。

中藥知識是古代醫者用生命「嘗」出來的醫療資料庫。著名的「神農嘗百草」的故事就向我們描述了「中華人文始祖」炎帝神農氏為了發現更多更好的藥物，冒著生命危險品嘗百草，瞭解藥物特點，最後因誤嘗了劇毒的「斷腸草」中毒而死的故

神農嘗百草圖

事。中國古代醫者這種為科學真理和百姓健康不顧個人安危的奉獻精神構成了中華民族精神的精髓。

● 延伸閱讀

古代中藥百科全書——《本草綱目》

明代科學家李時珍歷盡艱辛，用 27 年撰寫完成的《本草綱目》有 190 萬餘字，共分 52 卷，收載藥物 1892 種，載入藥方 11096 個，各種動植物、礦物插圖 1160 幅，並在前人的基礎上建立了十五部、六十類分類法，創立了藥學史上新的科學體系，是中國古代藥學典籍中論述最全面、最豐富、最系統的著作，對中國藥物學的發展起了重大的作用。

英國著名科學史學家李約瑟在其《中國科學技術史》中稱讚李時珍為「中國博物學家中的無冕之王」，並將《本草綱目》推崇為「明代最偉大的科學成就」。

《本草綱目》

第十一章　古人的醫療與健身
古人的體操運動 ——八段錦

古人的體操運動
——八段錦

　　在本章的最後，為大家介紹一套中國古人日常健身的體操——八段錦。從馬王堆西漢墓出土的《導引圖》，到 2003 年國家體育總局發佈的「健身氣功——八段錦」，健身體操從古至今一直備受推崇，深受人民的喜愛。八段錦共分為八個動作，其動作既優美又有祛病健身的功效，而且不受場地及器具的限制，男女老幼高矮胖瘦都能使用。

　　八段錦的八個動作分別是，第一段「兩手托天理三焦」；第二段「左右開弓似射雕」；第三段「調理脾胃臂單舉」；第四段「五勞七傷往後瞧」；第五段「搖頭擺尾去心火」；第六段「兩手攀足固腎腰」；第七段「攢拳怒目增氣力」；第八段「背後七顛百病消」。這八個動作簡單易學，而且能夠給您的生活帶來健康和快樂，各位讀者不妨放下書本練練八段錦吧！

● 延伸閱讀

從動物身上學來的健身術——五禽戲

　　在長期的勞動和實踐中，人們發現許多動物比人有更強的生命力、更強壯的軀體和更靈巧的身手。於是，人們開始模仿動物的動作特點，發明了仿生類導引術，五禽戲是中國東漢醫學家華佗在仿生類導引術發展的基礎上，模仿虎、鹿、熊、猿、鳥五種動物的動作及神態，在中醫理論的指導下發明的一種體育健身療法。以此來強健身體。

中國古代黑科技：古人比你想得更厲害

第十二章 仰觀天象

● 撰稿人／李 博

中國古代黑科技：古人比你想得更厲害

你一定聽過後羿射日、嫦娥奔月、牛郎織女的故事。聰明勤勞的中國古人，白天看到太陽東升西落，夜晚看到繁星密佈蒼穹，必然要思考，那些深邃天宇間的光亮到底是什麼？久而久之，古人們不僅創造了源遠流長的神話故事，更通過日復一日的觀察和記錄，總結、創造出獨具特色的中國古代宇宙學說。

那麼，古人究竟是如何認識和理解宇宙的呢？讓我們先從星星的排布說起。

古人眼中的夜空

中國位於地球的北半球，因此，站在中國境內觀察夜空，會發現北天極附近的星星常年懸掛在北方地平線的上空，而南天極附近的星星卻常年隱藏在南方地平線以下，其他部分的星空則隨著一年四季的變化周而復始地不斷滾動更替。所以，在古人看來，似乎整個天空在圍繞著北天極旋轉。於是，古人就把北天極理解為天空的中央。為了便於對群星進行劃分，古人便把夜空按照「中央」和「周圍」，分成了三垣、四象、二十八宿等不同的區域。

「垣」就是牆的意思，三垣是靠近北天極（這裡是古人認為的天空中央）的三個不同的區域，分別叫作紫微垣、太微垣和天市垣，每一個區域內都有能夠連成長線的星體，就像一堵堵牆一樣。

四象則是三垣周圍的四個星空區域，按照東、南、西、北分為東方蒼龍、南方朱雀、西方白虎和北方玄武。可能有人要問，既然星空是圍繞著北天極周而復始地不斷轉動的，又怎麼能分得出東南西北呢？原來，這個方向劃分是以春分那天黃昏時的位置為準的。那一天，蒼龍在東，白虎在西，朱雀對著正南方，而玄武則在比北天極更靠北的北方地平線位置。

將四象進一步劃分，每一個再分成七個區域，一共可以分成二十八個區域，古人管這些不同的星空區域叫二十八宿。所謂「宿」，就是月亮運行時歇腳的地方。不過，二十八宿中，每一宿佔據夜空面積的大小並不一樣，所以不能保證月亮每天

第十二章　仰觀天象
古人眼中的夜空

恰好經過一宿，至於為什麼這麼劃分，還是個謎。

古人給二十八宿也取了名字，它們分別是：

東方七宿是角、亢、氐、房、心、尾、箕；南方七宿是井、鬼、柳、星、張、翼、軫；西方七宿是奎、婁、胃、昴、畢、觜、參；北方七宿是斗、牛、女、虛、危、室、壁。

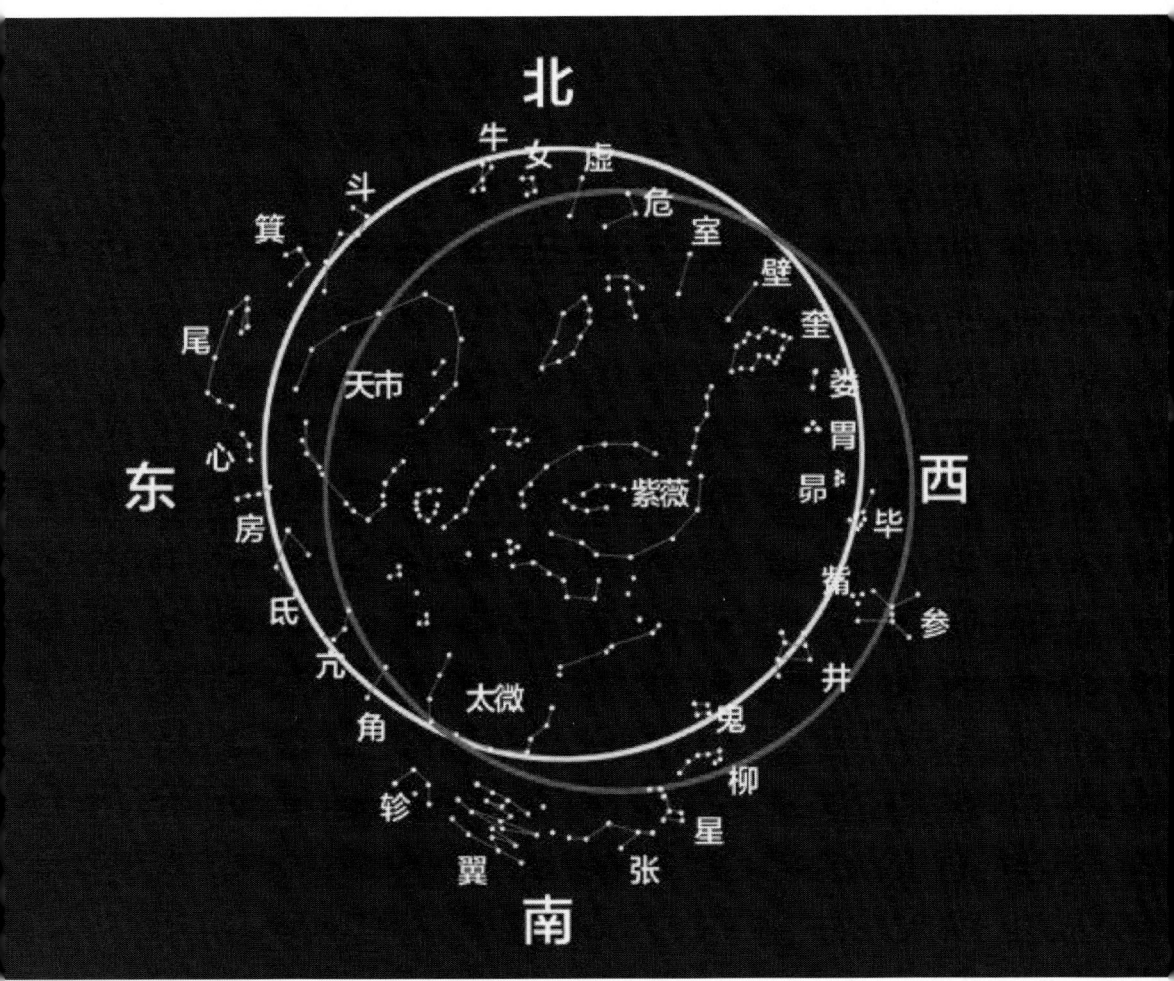

夜空中的三垣和二十八宿

中國古代黑科技：古人比你想得更厲害

● **延伸閱讀**

古代星圖

中國古代的天文學家通過觀測記錄，繪製了用於標示星體位置的星圖，如北魏孝昌二年（西元 526）繪製的洛陽星圖、後晉天福五年（西元 940）繪製的敦煌星圖、遼天慶六年（西元 1116）繪製的宣化星圖等。

由於天空看起來呈現半球形，所以最早的星圖被繪製成圓形。後來，為了減小低緯度區域星體的投影位置變形，大約在隋代又出現了長條形的「橫圖」。

古代星圖（模型）

古人的宇宙觀

古人不僅繪製了標示星體位置的星圖，還發揮想像思考了宇宙的結構和運行規律。不同的歷史階段，古人對宇宙的理解也不同。這些觀點中，最有代表性的有三類。

第十二章　仰觀天象
古人的宇宙觀

一、蓋天說

這是比較早的一種宇宙觀。漢代的《周髀算經》記載了蓋天說的發展演化。這種觀點認為，天就像一個大蓋子，蓋在大地上。早期的蓋天說認為，天是圓的，地是方的。不過，這種觀點有一處明顯不合理，就是圓形的天空對方形的地面無法恰好覆蓋。後來，蓋天說的內容發生了變化，認為天就像一個斗笠，斗笠的尖就是北天極，地則像一個倒扣的盤子，太陽在一年的不同時候，會沿著這個斗笠一樣的天空上的不同軌道運行，所以夏天太陽高，冬天太陽低。

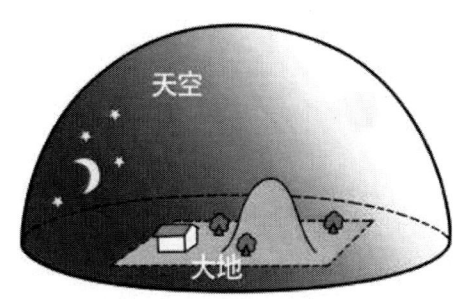

蓋天說的一種早期形式——天圓地方

二、渾天說

這種觀點將天想像成一個渾圓的大球，地就在這個球的中心漂浮著，這個大球的自轉軸北邊高、南邊低，所以在地上看來，整個天空都圍繞著北天極旋轉，而南邊一部分則常年隱藏在地平線以下，太陽軌道在天球的冬至圈和夏至圈之間變換著位置。顯然，與蓋天說相比，渾天說能

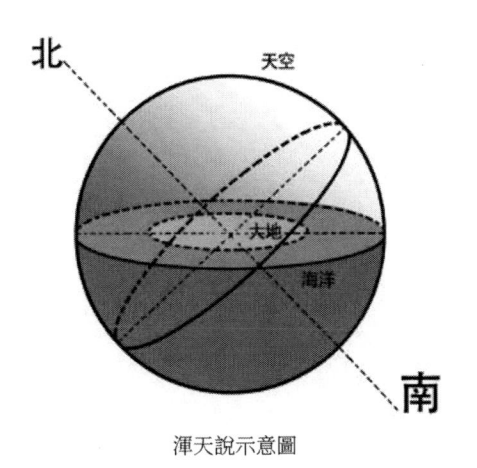

渾天說示意圖

夠更精確地解釋和推算一些天文現象。自漢代以來，在張衡等一批天文學家的不斷努力下，渾天說的影響越來越大，到了唐代，一行和南宮說等人通過計算進一步否定了蓋天說，使渾天說成為中國古代的正統天文學說。

中國古代黑科技：古人比你想得更厲害

三、宣夜說

　　與前兩種學說相比，這種學說的影響較小，但很有特色。宣夜說認為，大地以外都是氣體，日月星辰則是一些特殊的發光氣體，懸浮在氣體的天空中。著名的成語典故「杞人憂天」裡對宇宙的描繪，就比較符合宣夜說思想。這種觀點的某些方面與現代的宇宙學說是接近的，但缺少精確的數理分析，仍然停留在假想層面。

古代的天文儀器

　　儘管古人沒有望遠鏡，但他們在觀測天象時，也會藉助各種儀器，特別是渾天說誕生以後，對天文觀測的精度要求越來越高，各種天文儀器也不斷產生和演化。天文儀器可以按照用途的不同分成幾類。

一、用於天體定位的儀器

　　無論是繪製精確的星圖，還是記錄天文現象的發生位置，都需要為天體定位。古人在為天體定位時，會用到各種坐標系。例如，赤道坐標系採用去極度和入宿度兩個坐標。去極度，就是天體距離北天極的角度。入宿度，是天體距離西邊最近一個星宿的角度，因為星宿是一大片天空區域，所以選擇其中的一顆星（稱為距星）作為這個座標的參照物。天體距離距星的經度差就是這個天體的入宿度。

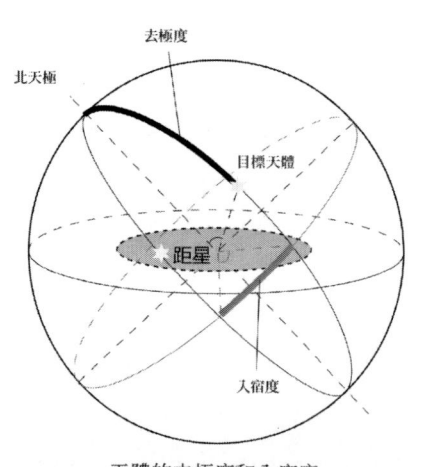

天體的去極度和入宿度

第十二章　仰觀天象
古代的天文儀器

西漢時期出現的渾儀上就包含赤道坐標系。這種儀器上面有若干個可以旋轉的圓環，通過圓環旋轉，可以把一個叫作窺管的裝置對準天空任意位置的星體。只要讀出圓環和窺管轉過的角度，就知道這個星體的去極度和入宿度了。

除了赤道坐標系，古人也使用地平坐標系、黃道坐標系等。隨著渾儀的發展，各種功能需要用到的圓環都被安裝在上面，彼此嵌套，遮擋視線，使用起來越來越不方便。元代的天文學家郭守敬對渾儀進行了簡化和改進，創製出簡儀。簡儀把赤道坐標系和地平坐標系分開，安裝在一個台座的不同位置，並把赤道環移到了赤道坐標系的底部（地平裝置也作了類似改動），因此不再遮擋視線了。此外，郭守敬還在機械結構上進行了一系列優化。

渾儀和簡儀可用來觀測星星，觀測刺眼的太陽則可以使用仰儀，這也是郭守敬

渾儀（模型）

簡儀（模型）

中國古代黑科技：古人比你想得更厲害

創製的一種儀器。仰儀的形狀如同一口半球形大鍋，大鍋的球心位置安裝了一個可以轉動的璿璣板，上面有小孔，太陽光透過小孔，在大鍋上成像。人們觀察太陽的像，不但可以知道太陽的位置，還可以追蹤日食發生的時刻。

仰儀（模型）

二、演示天象變化的儀器

東漢時期的張衡曾經製作了一架靠水力帶動的渾象，這種儀器類似天球儀：天體被標在一個大球體表面，球體可以沿著一個旋轉軸自轉，隨著大球的轉動，群星也一起東升西落。宋代的蘇頌和韓公廉還製造了一台可以在內部觀看的儀器，稱為假天儀，它採用中空的球殼，表面按照星體的分佈位置打上不同的小孔，人進入其中，觀察這些小孔中透進來的微光。當球殼轉動時，小孔隨著球殼一起轉動，如同真實的星空運轉一樣。

渾象（模型）

第十二章　仰觀天象
古代的天文儀器

三、通過觀測天體記錄時間的儀器

　　除了為天體定位和演示天象，古人還會通過觀測天體的變化來記錄時間，這裡面也會用到一些儀器。古人將一根竿子立在地上，通過觀察竿子在太陽照耀下竿影的長短、方位等變化，就可以知道一年或一日的大概時間長度，這種靠日影獲得時間的方法後來演化出圭表和日晷等儀器。元代郭守敬主持建造的登封觀景台，實際上是一個巨大的圭表。它由一座高 9.4 公尺的觀星台和一道長 31.19 公尺的量天尺組成，在陽光的照耀下，觀星臺上的橫梁會在量天尺上留下影子，根據投影位置變化，就可以確定春分、夏至、秋分、冬至等節氣的精確時間了。為了避免陽光的衍射使日影模糊，郭守敬還發明了「景符」，利用小孔成像原理獲得更加清晰精準的日影位置。

登封觀景台（模型）

中國古代黑科技：古人比你想得更厲害

> ● 延伸閱讀

郭守敬

郭守敬，字若思，元代天文學家、水利專家和數學家。他曾經創製和改進過多種天文設施和儀器，包括高表、仰儀、簡儀、玲瓏儀等，將中國古代天文儀器製作水準推向一個高峰。他通過實地觀測，制訂了《授時曆》，將一年的長度精確到 365.2425 日，並使用招差法和弧矢割圓術等數學方法，計算得到日月運行週期和各種天文參數，對中國古代天文觀測和曆法作出巨大貢獻。

郭守敬塑像

儘管在今人看來，古人對宇宙的理解相當樸素原始，但在當時的觀測手段和技術條件下，能取得連續、詳細的天文記錄，仍然是難能可貴的。對天文的研究，推動了曆法制訂和農業生產的發展。各種設計精巧的天文儀器，還體現了古人在幾何學、光學、機械工程等多個領域的聰明才智。所以說，中國古代天文學是先賢們留下的一筆寶貴的智力財富。

第十三章 古代的「鐘錶」

● 撰稿人／曹 朋

「您知道現在幾點了嗎？」這個問題或許是您在日常生活中最常被人問到也是最容易詢問別人的問題。對於現代人來說，回答這個問題很簡單，只要低頭看看表或是手機上的時鐘即可。古代的人回答這個問題可不像現代人這麼輕鬆，他們是怎樣做的呢？從原始社會的觀天授時到觀測日影

計時的圭表、日晷，從滴水計時的銅壺滴漏、秤漏、蓮花漏到機械鐘的先驅——水運儀象台，中國古人的智慧在計時工具發展的歷史長河中時時閃耀。下面，讓我們一起來回顧一下吧！

立竿見影
——圭表

古時候，人們發現太陽每天都會東升西落，而且太陽會將房屋、樹木等樹立物體的影子投在地上，影子隨太陽的移動不斷變化著長短和方位。當太陽剛剛升起和即將落下時，影子最長；當太陽移動到物體正上方時影子最短。後來，古人通過測量一年中正午時分太陽影子的長短變化，確定節令和回歸年，並據此製出了圭表。

圭表是中國最古老、最簡單的天文儀器之一，周代成書的《周禮》即對此有記載。圭和表組成了圭表，表是豎立在平地上的一根竿子或石柱，圭是一頭與表垂直相連、一頭朝向正北方向平放且上有刻度的石板。後來，人們又發明了銅質的和便攜的圭表。古人通過測量表影在「圭」上的長度，計量節令時間。

中國現存最早的圭表是1965年在江蘇省儀征市出土的一件東漢中葉的銅製圭表，由19.2公分的圭和34.39公分的表構成，圭表由樞軸相連，表可平放於匣內，攜帶方便。

圭表（模型）

一寸光陰一寸金
——赤道式日晷

　　與圭表相同，日晷也是通過測量日影的變化來計量時間，只不過它是通過測量日影方向的變化來確定白天的時間。埃及、中國、希臘和羅馬都有使用日晷計時的記載。

　　中國古代多使用的是赤道式日晷，多由銅製的指針和石製的圓盤組成。銅製指針（即「晷針」）垂直穿過圓盤中心，上端指向北天極，下端指向南天極，其作用與圭表中的表的作用相同。石製圓盤（即「晷面」）與赤道面平行，南高北低，安放在石台上。晷面的正反兩面刻有子、丑、寅、卯等12個格，代表12個時辰（每

個時辰相當於 2 個小時）。晷面上投射的晷針的影子，會隨著太陽自東向西慢慢地從西向東移動。

移動著的晷針影子就像現代鐘錶上移動的指針，晷面就像是錶盤，讀出影子對應的時辰即是當時的時辰。每年春分後看盤上面的影子，秋分後看盤下面的影子。

在不同的緯度上使用日晷時，需要適當地調整晷針的傾斜角度，使之與地球的自轉軸平行。也就是說，在北半球，晷針的末端須指向天球的北極點；在南半球，晷針的末端須指向天球的南極點。

赤道式日晷

「1 刻鐘」的由來
——多壺升箭式銅壺滴漏

有太陽的時候可以用日晷計時，夜晚、陰天的時候，古人要如何計時呢？這時候就需要使用滴漏了。在長期使用陶器盛水的過程中，古人發現用久了的陶器會因破損而出現漏水的問題，漏水的時長和漏出的水量之間也有關係。久而久之，古人發現可以用這種辦法計量時間。於是，滴漏出現了。

滴漏又稱漏壺、漏刻，梁代《漏刻經》記載：「漏刻之作，蓋肇於軒轅之日，宣乎夏商之代。」由此可見，父系氏族公社時期，滴漏已經出現。先秦時期，滴漏已被廣泛使用。那時，最常用的為「一刻之漏」，每漏完一壺水的時間為 1 刻（古時，一晝夜為 100 刻，1 刻約為今天的 14.4 分鐘）。現代人所說的 15 分鐘為一刻，大致

第十三章 古代的「鐘錶」

「1 刻鐘」的由來——多壺升箭式銅壺滴漏

起源於此。滴漏由盛水的漏壺和刻有時刻的尺規組成。漏壺用於泄水或盛水，前者稱為泄水型漏壺，後者稱為受水型漏壺。尺規置於壺中，使用時隨壺內水位變化而上下運動。最早的滴漏是單只泄水型漏壺，漏壺只有一個，尺規置於其中，隨著水面的下降，尺規緩緩下沉從而顯示時間。這種壺也被稱為「沉箭漏」。但是，這種壺的計時準確度會受到大氣壓力等的影響，為改善這一問題，古人又研製出了升箭漏。升箭漏由兩隻漏壺組成，一隻為泄水壺，一隻為受水壺。

尺規置於受水壺內。受水壺接受泄水壺漏出的水，隨著水位上升，尺規上浮。因泄水壺中沒有尺規，所以為提升計時準確度可採取措施使泄水

多壺升箭式銅壺滴漏模型

壺內水位保持穩定。據此，古人進一步創製出多級滴漏裝置，即將多隻漏壺上下依次串聯成為一組，每只漏壺都依次向其下一隻漏壺中滴水。這樣一來，對最下端的受水壺來說，其上方的一隻泄水壺因為有同樣速率的來水補充，壺內水位基本保持恒定，其自身的滴水速度也就能保持均勻。

中國現存最早的多級滴漏是元延佑三年（西元 1316 年）製造的多壺式滴漏的模型。全組由 4 個安放在階梯上的漏壺組成，最上層稱日壺，第二層稱月壺，第三層稱星壺，最底下一層稱受水壺。各壺都有銅蓋，受水壺銅蓋中央插一把銅尺，尺上自下而上刻有 12 時辰的刻度。銅尺前插一木製浮劍，木劍下端是一塊木板，叫浮舟。水由日壺按次沿龍頭滴下，受水壺中的水隨時間的推移而逐漸增加，浮劍逐漸上升，從而讀出時間。

中國古代黑科技：古人比你想得更厲害

● 延伸閱讀

可以稱量的時間——秤漏、蓮花漏

　　單壺泄水型滴漏在使用時因箭尺上的刻度不同且需要換水，因而容易產生誤差。為改善這一問題，北魏的一位名叫李蘭的道士發明了秤漏，他巧妙地利用了秤和虹吸原理。秤漏由一隻供水壺和一隻受水壺（稱為權器）組成，水通過供水壺中的虹吸管（即古代的渴烏）被引入權器。秤桿的一端懸掛權器，另一端懸掛平衡錘。當流入權器中的水為一升時，重量為一斤，時間為一刻。據測定，秤漏的日誤差不大於1分鐘。隋朝時，秤漏被皇家採用，之後基本成為官方的主要計時器，直到北宋。

　　北宋燕肅對滴漏進行了改進，創製了蓮花漏。蓮花漏由兩隻供水壺和一隻受水壺組成，用兩根渴烏利用虹吸原理依次將供水壺中的水吸入受水壺中，使受水壺中的水面保持穩定變化。受水壺上有一塊銅製荷葉，葉中有飾有蓮蓬的刻箭穿出。由於蓮花漏製作簡單、計時準確且設計精巧，宋仁宗頒行在全國使用蓮花漏。

最早的機械鐘
——水運儀象台

　　機械鐘錶的發明可以追溯到建於北宋元祐年間、由蘇頌主持建造的水運儀象台，距今已有900多年的歷史。水運儀象台是一座大型的天文鐘，高度近12米，台底7公尺見方，集計時報時、天文觀測和星象顯示三項功能於一體，是當時世界上最先進、技術綜合程度最高的大型機械裝置。

　　水運儀象台共分三層：頂層為渾儀，用於觀測星空，上方的屋形面板在觀測時可以揭開；中層為渾象，用於顯示星空；底層為動力裝置及計時、報時機構，通過齒輪傳動系統與渾儀、渾象相連，使這座三層結構的天文裝置環環相扣，與天體同步運行。

　　水運儀象台正面的底層為塔形報時裝置，塔的最上層有3個木人，中間綠衣木人每到一刻便擊鼓一聲，右側紅衣木人每到時初便搖鈴一次，左側紫衣木人每到時

正便叩鐘一下；最下兩層為夜間值更者，舉牌顯示更點，並敲擊金鉦通知某個更點已至。整個報時裝置共有160多個小木人和鐘、鼓、鈴、鉦四種樂器，不僅可以顯示時、刻，還能報昏、旦時刻和夜晚的更點。

水運儀象台以水為動力，但並非只是簡單地用水衝擊水輪，而是通過精巧的機械設計，利用流量穩定的水流實現等時精度很高的回轉運動，進而計時。水運儀象台的槓桿擒縱裝置——「天衡」系統，與現代鐘錶的擒縱器作用相似，被英國的科技史學家李約瑟稱為「很可能是歐洲中世紀天文鐘的直接祖先」。

水運儀象台模型

中國古代黑科技：古人比你想得更厲害

第十四章 張衡地動儀

● 撰稿人／王　波

中國古代黑科技：古人比你想得更厲害

　　頃刻間，地動山搖，數萬間房屋倒塌，無數生命被奪去，面對一次次地震災難，發明一部能夠預測地震的儀器，早已經成為人們迫切的需要。西元 134 年，京城洛陽一處靈臺上，一部地動儀的龍嘴突然吐下一顆銅球。根據銅球掉落的方向，官員張衡急忙報告皇上，甘肅方向發生了地震。正當皇上和大臣們疑惑之際，幾天後快馬來報，消息得到了證實。1800 年前張衡製作出地動儀的神奇故事，記載在《後漢書》中。只可惜，地動儀實物早已淹沒在歷史的長河中。這部世界上最早的測震儀器的內部構造究竟是怎樣的呢？它是如何準確測出地震的方位呢？一直成為中外學者爭論不休的千年謎團。

世界掀起復原張衡地動儀的熱潮

　　19 世紀以來，隨著科學技術的進步，人們對地震的研究愈來愈深。由於張衡地動儀是史書記載中最早出現的測震儀器，但是因為歷史上千年的戰亂及印刷方法落後等原因，張衡地動儀的實物和製作圖紙早已消失。出於研究地震的需要，世界各地掀起了一陣復原張衡地動儀的熱潮。1875 年，日本人服部一三率先把張衡地動儀的文字史料變成了猜想圖。1883 年，英國人米爾恩通過對張衡地動儀文字史料的研究，提出「懸垂擺理論」。直到 1917 年，中國學者呂彥直才開始著手復原張衡地動儀的研究工作。一時間，世界各國學者紛紛推出了自己復原的地動儀圖紙。

第十四章　張衡地動儀
世界掀起復原張衡地動儀的熱潮

多種張衡地動儀復原模型

129

中國古代黑科技：古人比你想得更厲害

世界影響力最大的一部張衡地動儀復原模型

在中國國家博物館裡，收藏著一部張衡地動儀復原模型。它通體金黃，造型精美，八條吐珠飛龍栩栩如生。這是 1951 年中國著名考古學家王振鐸參照《後漢書·張衡傳》中關於地動儀 196 字的描述，採用「倒立柱理論」復原出的。該模型外觀像酒樽，底部設有八隻張口的金蟾，內部主要由豎立在儀器中央的一根銅柱和周圍八個方向的槓桿，以及與槓桿相連的八條飛龍組成。

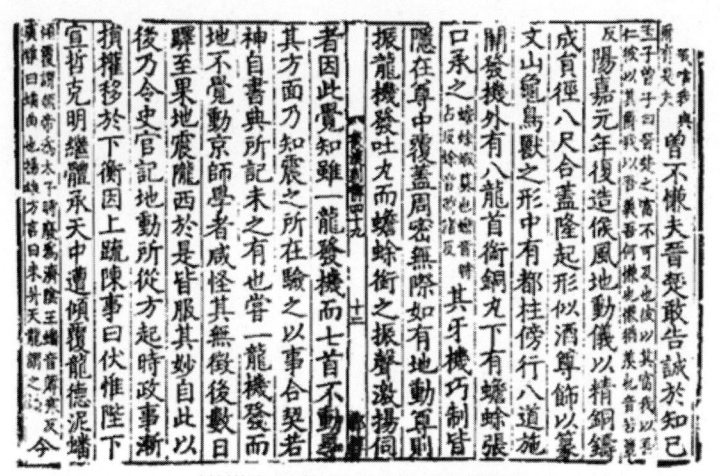

《後漢書·張衡傳》中對地動儀的記載

● **延伸閱讀**

<u>遭到質疑的倒立柱理論</u>

根據倒立柱理論，當地震發生時，銅柱受到衝力便會傾倒而推開一組槓桿，打開外殼上的龍嘴，讓銅丸掉落，以報告地震的發生。這種按照倒立柱理論復原的地動儀，能否準確測出地震方位呢？不少學者都表示懷疑。隨後，通過地震模擬器檢驗發現，銅柱並沒有倒向地震發生的方向，龍嘴中銅丸也沒有落在預期的蟾蜍嘴中。這一檢驗結果在學術界引起了一場大辯論。奧地利學者雷利伯出版《張衡，科學與宗教》一書，質疑張衡地動儀。而中國著名天文儀器專家胡寧生編寫了《張衡地動儀的奧祕》一書，闡述了立柱驗震的正確性和可行性。雖然關於倒立柱理論的辯論還未停止，但是有一點不可否認，王振鐸是將張衡地動儀猜想圖變成展覽模型的第一人。

進入 1970 年代，中國連續發生了多次強烈地震。無情的地震災難更加激發了國內學術界對地震知識的渴求，探索張衡地動儀的奧祕，學習古人智慧，變得迫切起來。張衡地動儀的神奇故事到底是不是真的？有沒有科學根據呢？

王振鐸復原的候風地動儀

中國古代黑科技：古人比你想得更厲害

最新研究的張衡地動儀的復原模型

直到2002年，研究終於有了突破，一位名叫馮銳的地震學家一天收到朋友來信，信中有一句科普俗語：「地震沒地震，抬頭看吊燈。」這啟迪了他的迷思。馮銳知道地震波是水準移動的，地震時吊燈會隨著大地的晃動而擺動。而重物掉落、爆炸等人為產生的地震波是上下移動的，是不會影響到吊燈的。通過吊燈擺動的啟示，馮銳決定參考古籍記載，利用如同吊燈的「懸垂擺理論」來復原張衡地動儀。

為了更好地開展復原工作，馮銳與國家地震局、國家博物館的相關專家組成了張衡地動儀復原課題研究小組。研究小組經過不斷研究嘗試，最終利用球形物體靈敏的特性，在原有的設計思路上增加了一個新的部分，在懸擺下方設置一顆銅球。新設計出的地動儀主要由五個部分組成：懸掛在地動儀中心的懸擺──柱；懸擺下方的銅球──關；懸擺周圍能讓銅球滾入的八條傾斜凹槽──道；連接凹槽和龍頭的八組槓桿──機；龍嘴中活動的銅球──丸。

經過多方測試，新設計出的地動儀模型順利通過了地震模擬器檢驗！馮銳等人的不懈努力使張衡地動儀的復原從展覽模型上升到了驗震儀器。當然，此方案也存在爭議，尚需更多的實證來加以佐證。

研究小組對地震儀傳統模型的外形重新進行了研究和設計，認為倒豎狀的全龍設計不符合中國青銅文化中處理龍首的傳統理念，並根據記載中「八龍首銜銅丸」的解釋，把它改為了只有龍頭的設計，龍頭在造型方面也完全依照最新出土的漢代龍首玉佩來雕刻，同時讓傳說中代表富貴吉祥的金蟾作為八隻器足，背負起整個地動儀，使之更加符合史料中的記載。

馮銳復原的地動儀模型

第十四章　張衡地動儀

最新研究的張衡地動儀的復原模型

● 延伸閱讀

馮銳復原張衡地動儀模型的工作原理

研究小組把新製作的地動儀結構模型放在地震模擬器上，在模擬器旁貼上幾個彈簧玩具，當模擬人為地震時，可以明顯觀察到彈簧玩具在上下震動，懸擺和銅球卻「無動於衷」。當模擬地震水準運動時，震動剛剛開始，銅球就朝著震動的方向滾去，落入預期通道，撞開機關，龍嘴中銅丸應聲掉落。如此靈敏的設計實在令人驚訝！為什麼這個新製作出來的模型會成功呢？因為自身的重力作用，懸擺和銅球保持相對靜止。人為地震時，產生的波主要是垂直波，對於懸擺和銅球沒有影響。一旦地震發生，地震波水準傳來，懸擺和銅球就會產生相對運動。

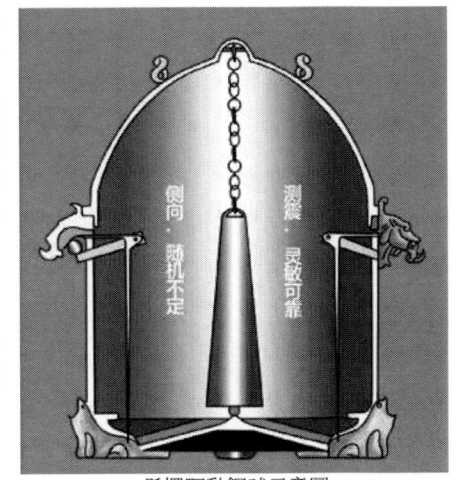

懸擺驅動鋼球示意圖

　　誕生於東漢時代的張衡地動儀，顯示出中國古人在天文、數學、機械、鑄造、藝術等方面的傑出成就和智慧。張衡的發明除了地動儀，還有渾天儀、記里鼓車等，被後人稱為「科聖」。聯合國天文組織為了紀念張衡對人類科學的貢獻，將月球背面的一座環形山命名
　　為「張衡山」，將太陽系中1802號小行星命名為「張衡星」。

中國古代黑科技：古人比你想得更厲害

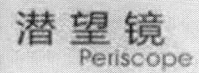

第十五章 古人對光的探索

● 撰稿人／王洪鵬

中國古代黑科技：古人比你想得更厲害

古代中國人對光的認識大多脫胎於對自然現象的觀察和生活經驗的提煉，呈現出以器物為知識的主要載體，通過討論器物來推進光學知識發展的特點。幸運的是，許多光學知識與實踐被歷代典籍輾轉傳抄而流傳下來。

墨子與小孔成像

我們經常能在樹蔭下看到一個個小光斑，而當日偏食出現的時候，圓形的光斑就會變成一個個小月牙，其實這些光斑的形狀並不是樹葉間縫隙的形狀，而是太陽的像。

中國古代科學家對小孔成像現象進行過比較深入的研究，其中，墨子進行了世界上最早的小孔成像的實驗，準確解釋了小孔成像的光學原理。

墨子是中國古代的思想家、教育家、科學家、軍事家和社會活動家，在力學、數學、幾何學、光學、聲學等領域都有輝煌的成就。

《墨經》中這樣記錄了小孔成像：「景到，在午有端，與景長，說在端。」「景。光之人，照若射，下者之人也高，高者之人也下，足蔽下光，故成景於上，首蔽上光，故成景於下。在遠近有端與於光，故景庫內也。」

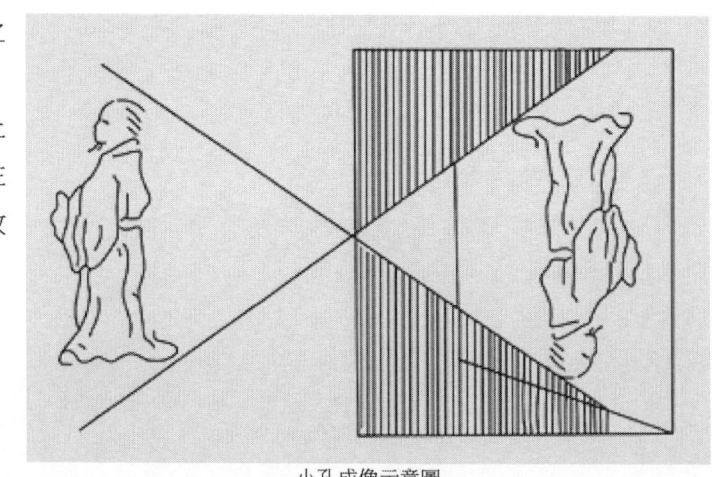

小孔成像示意圖

第十五章　古人對光的探索
墨子與小孔成像

小孔成像示意圖展品

　　這裡的「景」是指影像。「到」是倒立的意思。「午」是兩束光線正中交叉的意思。「端」是終極、微點的意思。「在午有端」指光線的交叉點，也就是小孔。物體的投影之所以會出現倒像，是因為光沿著直線傳播，在小孔的地方，不同方向射來的光線相互交叉形成倒影。在《墨經》中，「庫」有專門的定義，即「庫，易也」，也就是倒立的意思。

● 延伸閱讀

　　在中國古人對小孔成像的研究中，最能體現物理學實證科學精神的是元代的趙友欽。趙友欽設計了一個特殊的實驗室，用來示小孔成像實驗，實驗室器具佈置、實驗步驟、結論及理論分析記述於《革象新書》卷五《小罅光景》之中。所謂「小罅光景」也就是小孔成像。趙友欽通過「小罅光景」，論證了光的直線傳播。

中國古代黑科技：古人比你想得更厲害

潛望鏡

　　中國古代一些廟宇的屋簷下，經常傾斜地掛著一面青銅鏡子。當有人從山下走上來的時候，古剎裡的和尚便會提前知曉。這是怎麼一回事呢？打開《淮南萬畢術》一書，你就能明白其中的祕密了。

　　《淮南萬畢術》記載：「高懸大鏡，坐見四鄰。」東漢高誘注《淮南萬畢術》時指出：「取大鏡高懸，置水盆於其下，則見四鄰矣。」這段文字，明確地告訴了我們製作簡單潛望鏡的方法。

　　劉安，襲父爵位為淮南王，「篤好儒學，兼占候方術」。《淮南萬畢術》是劉安及其門客的作品，其中涉及了不少物理和化學方面的科學知識。

　　劉安及門客根據平面鏡組合反射光線的原理，發明了世界上最早的潛望鏡裝置。利用潛望鏡裝置，不出門就可隔牆觀察牆外景物，裝置雖然簡單卻影響

《淮南萬畢術》中的潛望鏡　　　　　潛望鏡模型

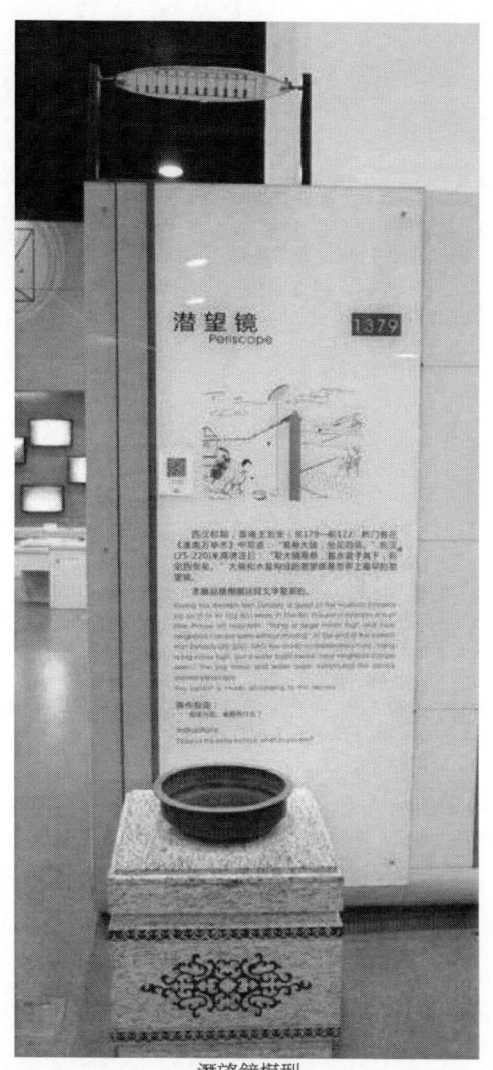

第十五章 古人對光的探索
透光鏡

深遠。「華夏之光」展廳的潛望鏡展品就是根據《淮南萬畢術》的記載而復原的。潛望鏡是指從水面下伸出水面或從低窪坑道伸出地面，用以窺探水面或地面上活動的裝置。《淮南萬畢術》記載的潛望鏡沒有「Z」形曲管，是開管潛望鏡。

潛望鏡利用了平面鏡能改變光的傳播方向這一性質。簡易潛望鏡是由裝在「Z」形曲管中的兩塊平面鏡組成的。由於兩塊平面鏡相互平行，物體射向第一塊平面鏡的光線，經過反射以後，投射到第二塊平面鏡上，再經第二塊平面鏡反射進入人的眼睛。人眼看到的是經過兩次反射的正立等大的虛像。

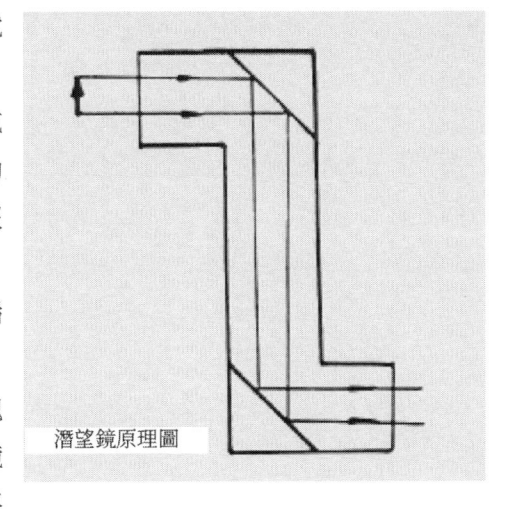

潛望鏡原理圖

● **延伸閱讀**

《詠鏡詩》

北周文學家庾信是最早將「懸鏡」寫入詩中的，從而使「懸鏡」技術廣為流傳。庾信在《詠鏡詩》寫道：「玉匣聊開鏡，輕灰暫拭塵。光如一片水，影照兩邊人。月生無有桂，花開不逐春。試掛淮南竹，堪能見四鄰。」這首詩說，如果支起一根竹竿，將將鏡掛於竹竿的頂端，就可以足不出戶而看清牆外的景致。

透光鏡

上海博物館的館藏品中有一面銅鏡，其背面有銘文：「見日之光，天下大明。」該銅鏡因此稱為「見日之光」透光鏡。

當光線照射到鏡面時，鏡背的花紋會映現在鏡面對面的牆上，因此被稱為「透

中國古代黑科技：古人比你想得更厲害

光鏡」。青銅之所以能夠透光，這是因為銅鏡在鑄造過程中，鏡背花紋圖案的凹凸處由於厚度不同，經凝固收縮而產生鑄造應力，鑄造後經過研磨又產生了壓應力，因而形成物理性質上的彈性形變。當研磨到一定程度時，這種彈性形變迭加地發生作用，而使鏡面與鏡背花紋之間產生相應的曲率，從而具有透光效果。

透光鏡能夠透光的現象，一直以來都受到中國古代學者的關注。沈括、吾衍、方以智和鄭復光等中國古代科學家，對透

「見日之光」透光鏡

光鏡的原理、機制分別作出了一些解釋，都有其合理的一面。宋朝科學家沈括是現有文獻記載中對透光鏡的「透光」原理作出科學分析的第一人。元朝科學家吾衍認為，造成「鑒面隱然有跡」的方法可稱為「補鑄法」。清朝科學家鄭複光認為，「刮磨法」造成了透光鏡的「透光」。

● 延伸閱讀

最早有文字記載的透光鏡

最早記載銅鏡「透光」的文字出現在《古鏡記》中。該書記載：王度把侯生當作師父看待，侯生臨死前贈送王度一面古鏡，「承日照之，則背上文畫墨入影內，纖毫無失」。這句話的意思是，銅鏡如果放在陽光下一照，銅鏡背面的圖案和文字就出現在影子裡面，極細微的部分都可以顯現出來，可謂纖毫畢露。

第十六章 音樂中的知識

● 撰稿人／齊 婧

中華民族的音樂文化有著悠久的歷史據音樂考古發現，中國音樂的歷史可以追溯到距今約 9000 年前。古代的「八音」、「五聲」，再加上指導這些輝煌實踐的最根本的理論——樂律等，都是中國古代音樂的璀璨成就。如果可以，我想你一定願意回到夏商青銅時代，在帝王宮殿裡搶氣勢恢弘的「鐘鼓之樂」

戰國編鐘

編鐘興起於商代西周，盛行於春秋戰國直至秦漢，在中國古代樂器中，地位最為高貴，規模最為龐大，製作最為複雜，科技要求最高，音域最為寬廣，可謂是中國古代「樂器之王」。

編鐘由青銅鑄成，是將多個大小不同的扁圓鐘按照音調高低的次序排列於巨大的鐘架上。鐘體小，音調就高，音量也小；鐘體大，音調就低，音量也大。樂者用丁字形木錘或長形棒按照樂譜敲打鐘體，可以演奏出美妙的樂曲。

迄今發現的數量最多、保存最好、音律最全、氣勢最宏偉的編鐘是曾侯乙編鐘，屬於戰國早期文物，1978 年在湖北省隨縣（今隨州市）出土，是中國首批禁止出國（境）展覽文物。曾侯乙編鐘有 3 層鐘架，由 19 個鈕鐘、45 個甬鐘，再加楚惠王送的 1 件大傅鐘共 65 件組成。鐘架中層的 3 組甬鐘是中高音區，鐘的調音精確度高，大小三度雙音有機結合，構成充實的音列，負責主奏旋律。

曾侯乙編鐘的全音域寬達 5 個八度，是目前已知最早具有 12 個半音的樂器，比歐洲十二律鍵盤樂器的出現要早近 2000 年。同時，它也是雙音鐘的代表，每一個扁鐘都能發出兩個樂音，這兩個音恰好是三度關係，可謂神奇。曾侯乙編鐘用銅量達 5000 公斤之多，這在世界樂器史上是絕無僅有的。鐘上均鑄有篆書銘文，共 2800 餘字，其內容反映了戰國時期中國樂律學所達到的水準高度。

曾侯乙編鐘模型

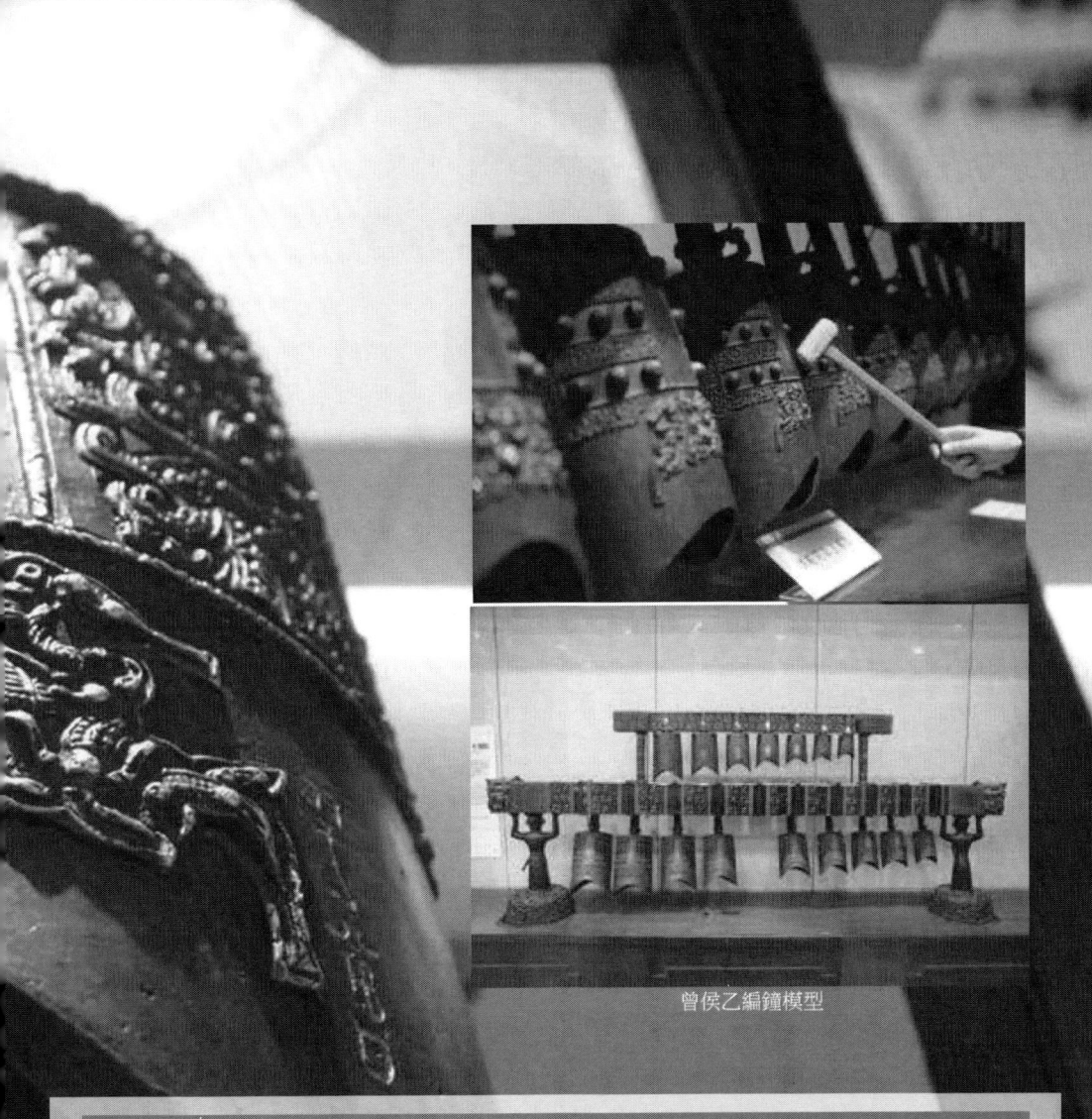

● 延伸閱讀

古代音樂常識

　　五音（五聲）：是古代漢族音律，按五度的相生順序，是宮 - 商 - 角 - 徵 - 羽，按音高順序排列，即為 DO-Re-Mi-Sol-La。

　　大三度：是指三個音之間的關係，是全音的關係，也就是有兩個全音。例如，DO 到 Mi，因為 DO 到 Re 是一個全音的關係，Re 到 Mi 是一個全音的關係，所以 DO 到 Mi 便是大三度關係。

　　小三度：是指三個音是按照一個半音再加一個全音而構成。例如，Re 到 Fa，因為 Re 到 Mi 是一個全音的關係，Mi 和 Fa 是一個半音的關係，所以 Re 和 Fa 便是小三度關係。大三度和小三度是構成大三和弦與小三和絃的最基本單位。

中國古代黑科技：古人比你想得更厲害

扁鐘與圓鐘的區別

　　鐘是中國古代的一種撞擊器，通常用於報時、召集人群、發佈消息等。最初的鐘是陶製的，共鳴體為圓筒形，頂端為圓柱形短柄，後來的鐘多用銅、鐵等金屬鑄成，形制上主要有圓鐘和扁鐘兩類。

　　圓鐘是在漢代受印度圓口鐘的影響而出現的，在佛寺和鐘樓使用居多。演奏圓鐘時，餘音時間較長，如果遇到節拍急促的地方，餘音還會互相干擾，使人分不清音的高低。你知道這是什麼原因嗎？這是因為鐘被敲擊時，除了鐘整體振動產生基音外，各部分分片振動會發出泛音。圓鐘各部分比例相等，呈圓形對稱性，因而使產生的泛音不分主次地混在一起。另外，圓鐘只能發出一個音，其基頻振動和敲擊點無關。中國商周時期的樂鐘大多是扁形鐘。演奏扁鐘時，會出現「一鐘雙音」的現象。所謂「一鐘雙音」，就是當你敲擊扁鐘的正鼓部和側鼓部時，會發出兩個樂音，一般呈三度關系，這正適合於音樂的演奏。扁鐘之所以可以發出雙音，在於它的合瓦形狀。當敲擊扁鐘的正鼓部時，側鼓部的振幅為零，敲擊側鼓部時，正鼓部的振幅為零，再加上扁鐘棱阻礙聲波的傳遞，鐘聲衰減較快，所以餘音不長，並且音高明顯，如此形成雙音共存一體，又不會互相干擾。「一鐘雙音」是中國古代樂師的一項高超技術發明，說明樂師和工匠在音律的設計、鐘體幾何尺寸與發音機理的掌

扁鐘與圓鐘

144

第十六章　音樂中的知識
扁鐘與圓鐘的區別

握、音訊測算與調試、音色選定等方面在當時已達到非常高的地步，是一個極為先進的聲學首創。

● 延伸閱讀

基音：發音體整體振動產生的音（振動長度越大，頻率越小），決定音高。

泛音：發音體部分振動產生的音，決定音色。

朱載堉與十二平均律

　　唱歌時，高音唱不上去，很多人就用低 8 度的音來代替，但並沒有不自然的感覺，這是為什麼呢？原來，相差 8 度的兩個音訊率比是 2，是和諧音。我們把研究各樂音之間對應的弦長或它們頻率之間的關係的學問稱為律學，把規定音階中各個音的由來及其精確音高的數學方法叫作律制。好的律制，各音之間能夠和諧悅耳，還要能夠順利「旋宮」和「轉調」。古今中外，各國各民族的音樂律制種類繁多，但完全符合上述要求的律制很晚才出現。

　　古代用生律法來確立音程。古希臘畢達哥拉斯學派的五度相生律和中國古代的三分損益律本質上相同，都以 2/3（弦長比）作為生律因子來推算各律。但據此得到的相隔 8 度的兩個音訊率之比不是 2，約等於 2.02728，非和諧音，即無法「返宮」；升調或降調後，曲子會出現細微誤差，只適合單音演奏。對此，歷代律學家一直在努力改進，直到明代朱載堉創製了十二平均律，才徹底解決了這個問題。

　　朱載堉，明代著名的律學家、曆學家、音樂家，是明太祖朱元璋的九世孫。朱載堉一生著述涉及音樂、天文、律法、曆法、數學、文學等，主要著作有《操縵古樂譜》、《瑟譜》、《律呂精義》、《律呂正論》、《樂律全書》、《律呂質疑辨惑》、《嘉量算經》、《律曆融通》、《算學新說》、《萬年曆》、《曆學新說》等。他的著述中閃耀著科學的批判和懷疑精神，閃耀著追求真理、尊重客觀事實的科學態度，閃耀著不拘古法、注重實踐、敢於開拓創新的學術精神。

　　朱載堉最早是在《律學新說》中論述十二平均律的，稱之為「新法密率」。這

中國古代黑科技：古人比你想得更厲害

是音樂學和音樂物理學的一大革命，也是世界科學史上的重要發明。朱載堉完全放棄三分損益律，藉助畢氏定理計算出半個 8 度的音程比為 $\sqrt{2}:1$，那麼一個 8 度自然為 2，避免了「預設」返宮的責難；然後公比為 $12\sqrt{2}$ 的等比數列來劃分 12 個半音。十二等程律圓滿解決了返宮難題，相鄰各音的音程完全相等，可以順利「轉調」；各音也沒有不和諧的感覺，兼顧了和諧悅耳和旋宮轉調，極大拓展了樂曲的表現空間。

朱載堉還探索出了多種計算密律的數學方法，包括求解等比數列中位項、算定等程律五度相生因數為 $5*10\ 8/749153538$；他還利用算盤將 $12\sqrt{2}$ 準確計算到了小數點後 24 位。為了證明十二平均律的合理性，朱載堉親手製作定律器——準，詳細敘述了準的形制特點，分別標刻新舊二率的律數。

荷蘭數學家史蒂文在約 1605 年的手稿中提出了十二平均律的計算方法，可惜計算精度不夠，弦長數字個別偏差較大。100 多年後，德國作曲家巴哈使用修正後的十二律作曲，取得巨大成功。實際上，此律法既非等程律也非平均律。17、18 世紀的歐洲流行平均律（中庸律），是將五度相生律的每一個音都減去一個平均差值，實現返宮，但與十二平均律有本質差別。此後，西方才出現了真正的十二平均律。

● **延伸閱讀**

朱載堉在數學方面，首創利用珠算進第一次精確計算出明朝首都北京的地理位置行開平方，研究出數列等式；在計量方面，（北緯 39°56′，東經 116°20′），同時開拓新對累黍定尺、古代貨幣和度量衡的關係等有領域，經過仔細觀測和計算，最終求出計算極其細密的調查和實物實驗；在天文方面，回歸年長度值的公式。

第十七章 生活中的物理

撰稿人／魏 飞

你或許會被這樣一種造型古典而別致的燈所吸引，此燈外觀為典型的宮燈形狀，內襯形形色色的剪紙造型。而最奇特的是，每當宮燈亮起，燈內的剪紙圖案竟然也轉動起來，進而呈現人馬互逐、物換景移的影像。

那麼，這是一種什麼燈呢？這其中又蘊含怎樣的道理呢？讓我們就此展開，來探索中國古代先賢在生活中所運用的智慧吧！

迴旋的競逐
——走馬燈

原來，上面所說的這種燈就叫作走馬燈，也叫「馬騎燈」。清末成書的《燕京歲時紀》中曾寫道：「走馬燈者，剪紙為輪，以燭噓之，則車馳馬驟，團團不休。燭滅則頓止矣。」

以一個結構簡單的走馬燈為例。在一個或方或圓形狀的燈籠中，豎起一根長長的鐵絲當作立軸，軸的上方安裝一組葉輪，葉輪大多是由剪紙組成的。軸上安裝一個由十字交叉狀的細鐵絲組成的機構，在其末端黏貼有各種類似人馬的剪紙圖形。當燈籠內的蠟燭點燃時，燭火使空氣變熱，升溫後的空氣向上流動，推動葉輪轉動，進而帶動十字交叉機構上的剪紙圖形隨之轉動，而這些圖形由於燭火的照映，在燈籠的紙罩上形成影子。從外觀看，即成「車馳馬驟，團團不休」的影像。

第十七章　生活中的物理
迴旋的競逐——走馬燈

走馬燈　　　　　　　　　　　　　　葉輪
　　　　　　　　　　　　　　　　　　立軸
　　　　　　　　　　　　　　　　　　剪紙圖案
走馬燈　　　　　　　　　　　走馬燈內部結構

● **延伸閱讀**

古籍中記載的走馬燈

　　走馬燈的出現遠遠早於《燕京歲時紀》的成書。早在宋代就有很多記述走馬燈或者南馬騎燈的著作。吳自牧在《夢粱錄》中述及南宋京城臨安夜市時說：「杭城大街，買賣晝夜不絕」，其「春冬，撲賣小球燈……走馬燈……等物。」周密在《武林舊事》中也曾提及：「若沙戲影燈，馬騎人英雄物、旋轉如飛。」而《乾淳歲時記》中也有關於此類燈品的文字。可見，走馬燈早在宋時期就已經極為盛行了。另外，也有不少詩作以走馬燈為描寫對象。范成大曾以「轉影氣縱橫」的詩句讚美它。薑夔也曾寫道：「紛紛鐵騎小迴旋，幻出曹公大戰年。若使英雄知底事，不教兒女戲燈前。」

中國古代黑科技：古人比你想得更厲害

公道杯

觥籌間的戲謔
——公道杯

中國古代宴會離不開酒，主人與宴請的賓客難免會有親疏遠近，因此在斟酒時也就難免厚此薄彼，這對那些喜愛美酒的人來說不免有失公允。然而，有這麼一種杯子，你往裡倒酒，倒得少自然沒有問題，一旦倒得滿了，轉眼間杯中之酒便會一漏而盡。這種杯子便是公道杯。

中國早在宋代就已出現了公道杯。右圖為一壽星造型的銅質公道杯模型，中間的壽星實際上是由兩個空心圓柱體嵌套而成，外圓柱體與杯體銜接處有一暗孔，與杯底的孔相連，使之整體形成一個虹吸管，當杯中水位超過虹吸管上部的彎曲處時，就會發生虹吸現象，水就會從杯底的孔流出，直到杯中水流盡為止。西方有一種畢達哥拉斯杯，其原理與公道杯如出一轍。

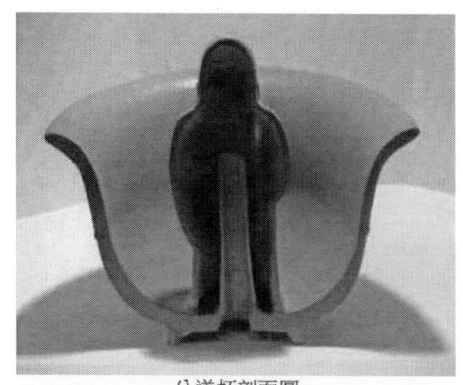

公道杯剖面圖

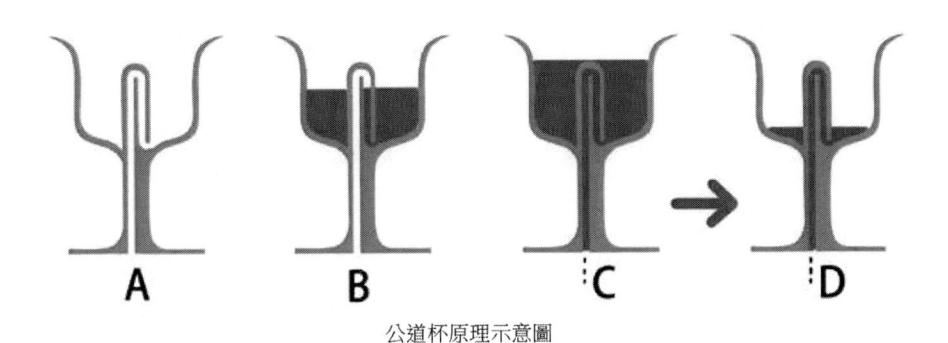

第十七章　生活中的物理
觥籌間的戲謔——公道杯

公道杯原理示意圖

● **延伸閱讀**

虹吸原理

取一根長軟管，用液體將其灌滿並呈倒 U 形放置。將其一端的開口置於一盛滿液體的容器內，若軟管另一端低於該容器的液面，則容器內的液體會通過軟管源源不斷地流出。這就是虹吸現象。

虹吸現象是由於重力和分子間的黏聚力而產生的。上述裝置內，處於最高點的液體由於受到重力的作用要向軟管的低端流動，因此在軟管內造成了負壓，由於負壓的作用，導致容器內的液體又被吸至軟管內，如此周而復始，高端位置容器內的液體便不斷地向低處流動。

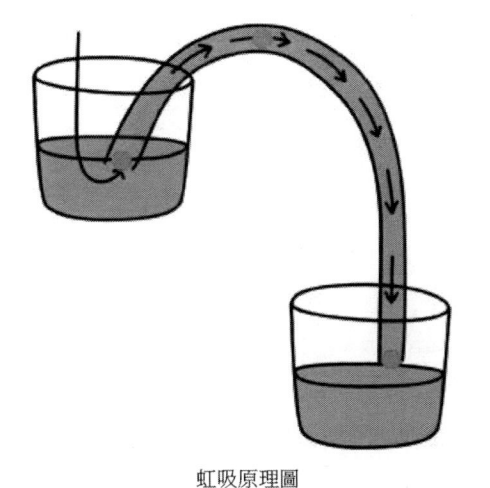

虹吸原理圖

151

倒轉的乾坤
——倒灌壺

1968年，陝西省彬縣出土了一件奇特的文物，從外觀看去，它呈一個精美的酒壺模樣，上下渾然一體，但有壺蓋卻不能打開。那麼問題就來了，既然是一個酒壺，其功能就得是盛放酒水，既然要盛放酒水，那總得有入口，總不能從壺嘴往裡灌吧？

原來，這種壺就叫作倒灌壺，也稱倒裝壺或倒流壺，是始於宋元時期，流行於明清時期的壺式之一。在壺的底部，有一梅花形狀的小開口，使用的時候，須先將壺體倒置，酒水由壺底的小開口注入壺腹，壺內的漏注與梅花小孔銜接，酒水通過漏注流入壺內，利用連通器內液面等高的原理，由中心的漏注來控制整體的液面，流下時也有同樣的隔離裝置，使液體在倒置時不致外溢，若發生外溢則表明酒水已經裝滿。若將壺正置或傾斜倒酒時，由於壺內中心漏注的上孔高於最高液面，底孔也不會漏酒。

倒灌壺原理示意圖

第十七章　生活中的物理
布衾中的氤氳——被中香爐

● **延伸閱讀**

連通器原理

上端開口、底部互相連通的容器就是連通器。在連通器中注入同一種液體，在液體不流動時，連通器內各容器的液面總是保持在同一水平面上。連通器現象所表現的正是液體壓強原理。以最簡單的連通器構型 U 形管為例，在其中注入同一種液體，在 U 形管的正中間設想有一分隔線，將 U 形管分成兩部分，若兩部分的液柱高度相等，根據壓強公式 $p=\rho g h$（液體壓強 = 液體密度 × 重力加速度 × 液柱高度），可以得出兩部分的壓強相等，因此液體處於靜止狀態。而當一端的液體高於另一端時，其壓強也要高於另一端，管內的液體就會發生流動，直到液高相等為止。

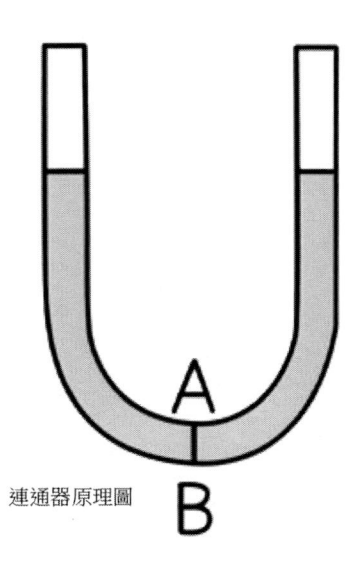

連通器原理圖

布衾中的氤氳
——被中香爐

被中香爐是古代智慧結晶之一，又稱「香薰爐」、「被褥香爐」、「銀薰球」，在古代多用於盛放香料和炭火，在中國西漢年間就已見記載，盛行於唐代，並最晚在宋元時期傳入西亞。從名字上看，不少人會感到驚訝——那不是香爐嗎？怎麼能在被子中使用呢？不會引燃被子嗎？

不必擔心，古人的智慧正是凝結於此。從結構上看，它的內部是由兩到三層同心圓環構成的，各層同心圓環彼此靠一組短軸連接，而圓環可以圍繞連接它的短軸自由轉動，而用於盛放香料的爐體也用同樣的方式連接在最內部的圓環上，每組圓

153

被中香爐

環的軸和轉動的方向互相垂直,因此,爐體就可以通過圓環在各個維度進行自由轉動。而由於重力作用,不論其內部結構如何轉動,爐體的開口總能朝上,使得其內的用來熏香的香料或者用來取暖的炭火都不會傾灑出來。

將一個物體固定於基座之上,無論將基座怎樣旋轉,要求物體的方向都不會隨之變動,這就是被中香爐所運用原理的實質。這種機構伴隨著現代科技的發展,具有了很多重要的應用。現代科學與技術領域中應用十分廣泛的陀螺儀等儀器所用的萬向支架(也稱常平支架)就是依據這種原理製成的。

漣漪間的迴響
——龍洗

龍洗是一種中國古代的盥洗用具,多是銅製,其形狀類似於現在的臉盆,底部是扁平的,盆的邊沿左右各有一個把柄,稱為雙耳。盆底裝飾龍紋形狀的,稱為龍洗;盆底裝飾為魚紋形狀的,稱為魚洗。使用時,兩手心需要蘸上水,隨後有節奏地快速摩擦盆沿的兩耳,這樣,龍洗就會像受到撞擊一樣振動起來,洗內水波蕩漾,

第十七章　生活中的物理
漣漪間的迴響——龍洗

並伴有轟鳴之響。若摩擦得法，甚至可以可噴出水珠。

能夠噴水的龍（魚）洗發明於北宋後期，即 11 世紀下半葉到 12 世紀上半葉之間。王明清的《揮麈錄》中曾寫道：「……此亦石主所獻，有畫雙鯉存焉，水滿則跳躍如生，覆之無它矣……」

龍洗的振動是由雙手摩擦雙耳而產生的振動現象，龍洗振動帶動其中的水隨之振動，水波與龍洗的側壁反射回來的反射波相互疊加而形成駐波，隨著摩擦速度的增快，振動的頻率和振幅相應增加，水的振動就更加激烈。

龍洗模型

● **延伸閱讀**

駐波

　　駐波是頻率和振幅均相同、振動方向一致、傳播方向相反的兩列波疊加後形成的波。波在介質中傳播運動時，其波形不斷地向前推進，故稱行波。上述的兩列波相互疊加之後，其形成的波形並不向前推進，故稱駐波。而兩個相鄰波節之間的距離就是它的波長。我們日常生活中所能接觸到的各類的樂器，如各類打擊樂和管弦樂的樂器，它們之所以能夠發出聲響，就是因為在樂器中產生了駐波。為了使其中的駐波最強，樂器內空氣柱的長度必須等於半波長的整數倍。如果沒有了駐波，也就沒有了各種美妙的音樂。

中國古代黑科技：古人比你想得更厲害

第十八章 古代數學成就

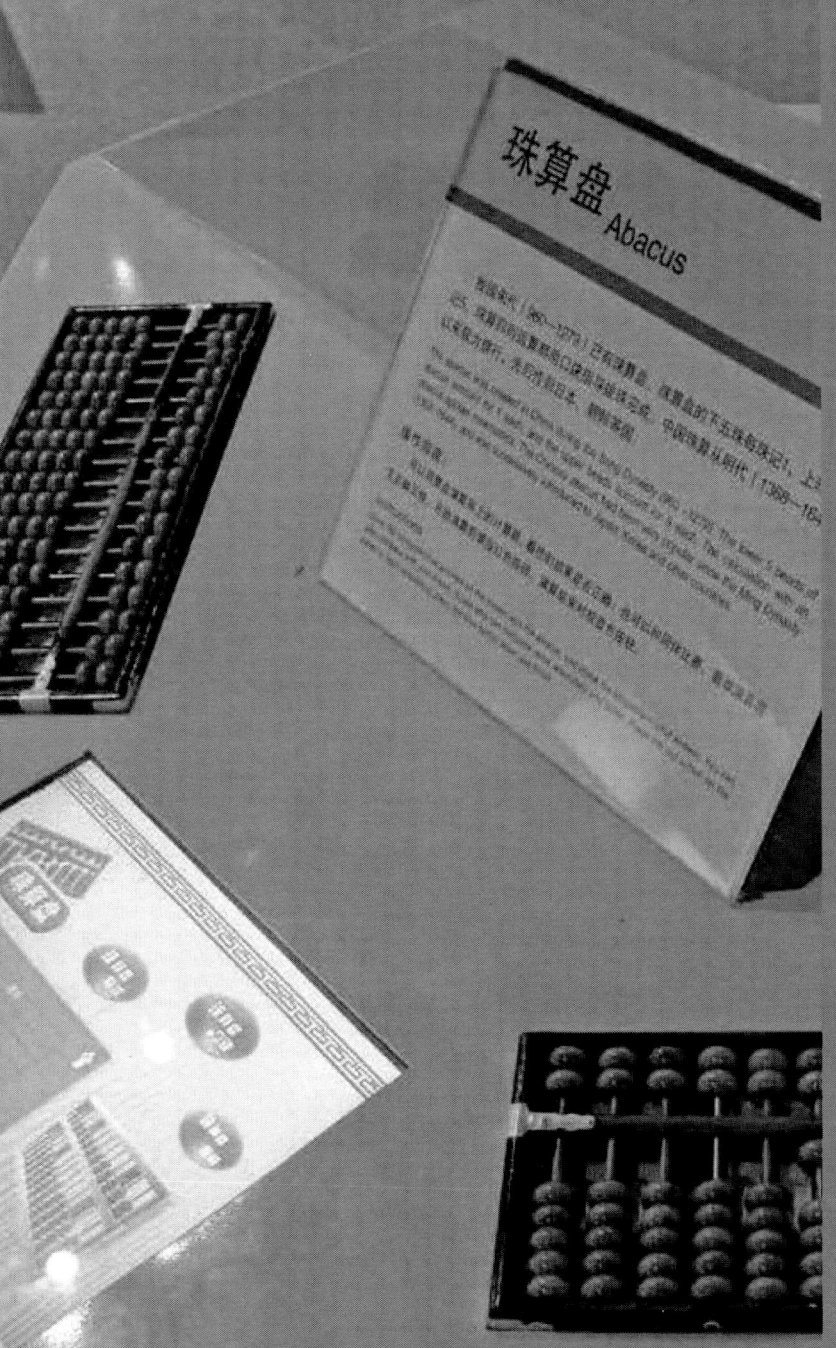

● 撰稿人／程 軍

中國古代黑科技：古人比你想得更厲害

提起中國古代的數學成就，你也許立刻就會想起祖沖之計算的圓周率。其實，中國古代還有許多傑出的數學成就，早在西元前 1 世紀中國的數學就達到了一定的水準。

算籌

算籌又稱為籌、筭子等，是用來表示數的一些小棍，用竹、木、鐵、骨、玉等製成。《漢書·律曆志》記載，算籌「徑一分，長六寸」，可見漢代的算籌是小圓棍，長約 13.8 公分，橫截面直徑約 0.23 公分。後來，算籌有變粗變短的趨勢。

算籌是這樣來表示數字的：從 1 到 5 的數，是幾就用幾根算籌並排來表示；從 6 到 9 的數 n，用兩部分合成一個符號來表示：用 (n-5) 根算籌並排表示 (n-5)，用一根放在上面並與它們垂直的算籌表示 5。

要用算籌表示一個多位數，像現在用阿拉伯數字記數一樣，把各位數位從左往右橫列，並且規定各位數位的籌式要縱橫相間，個位、百位、萬位等用縱式，十位、千位、十萬位等用橫式，遇零用空位。這是世界上最早使用的十進位值制的記數體系。

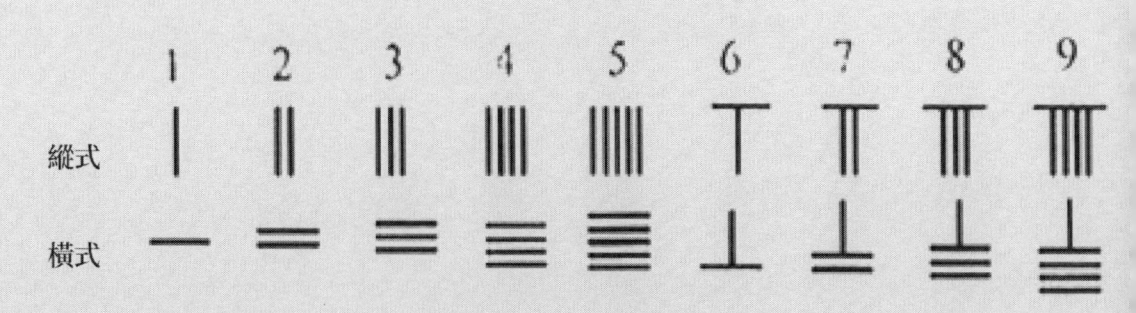

用算籌表示數位有縱橫兩種方式。

第十八章　古代數學成就
算籌

　　用算籌不僅可以表示任意的自然數，還可以表示分數、負數、方程等。例如，中國古代用紅色、黑色（或正放、斜放）的算籌分別表示正數、負數；用不同的位置關係表示特定的數量關係。中國古人利用算籌能進行加、減、乘、除、開二次到多次方、解方程等各種運算。春秋末年以前，人們已經利用算籌來計算了。用算籌做乘除都要利用乘法口訣，春秋時期乘法口訣已很流行。

　　算籌直到宋、元時期都是中國人的主要計算工具，後來傳到朝鮮、日本。

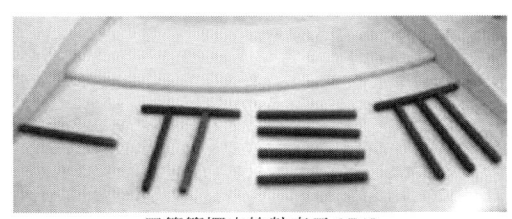

用算籌擺出的數表示 1748

● 延伸閱讀

十進位值制記數法

　　十進位值制是中國人民的一項傑出創造，在世界數學史上有重要意義。西元前 14 至 11 世紀的殷墟甲骨文卜辭中，已用一、二、三、四、五、六、七、八、九、十、百、千、萬等 13 個數位的符號，原則上可以記十萬以內的任何自然數。十進位值制是逢十進位，0、1、2、3、4、5、6、7、8、9 這 10 個數位，因其在前後不同的位置又賦予相應的位置值，這樣就可以利用這 10 個數位表示任意大的整數，同時使整數間的計算變得簡便易行。這一創造對數學發展起了關鍵作用。十進位值制記數法，以及在此基礎上以算籌為工具的各種運算，是中國古人一項極為出色的創造，比其他一些文明發生較早的地區，如古埃及、古希臘和古羅馬所用的記數和運算方法要優越得多。

中國古代黑科技：古人比你想得更厲害

算盤

　　算盤又稱珠算盤，是中國古代的一個偉大發明。它方便、快捷，繼承了算籌的十進位值制記數法而在形式上加以改進。用算盤計算稱為珠算。唐代以來基於籌算的捷算方法不斷改進，珠算繼承和改造了這些方法，形成了便捷實用的珠算法則。

　　中國唐代已出現了接近於現代形式的算盤，宋元時期珠算漸趨流行。明代商業經濟繁榮，對快速計算的需求推動了珠算的推廣與普及，珠算逐漸取代了籌算。

　　現存文獻中最早載有算盤圖的是明洪武四年（1371年）刊刻的《魁本對相四言雜字》，其形制與現代算盤相同。流行最廣、在歷史上起作用最大的珠算書是明代程大位的《直指算法統宗》。《直指算法統宗》不僅在中國，在國外尤其是日本影響也很大。

　　珠算盤的主要形式是上二珠、下五珠，中間隔橫梁。上面二個珠每珠代表5，下面五個珠每珠代表1，每檔單用下珠或上珠，或上下珠配合使用。

　　珠算四則運算是用一套口訣指導撥珠完成。加減法，明代稱「上法」和「退法」。乘法所用的「九九」口訣，春秋戰國時已在籌算中應用。歸除口訣的全部完成則是在元代。

　　中國珠算從明代以來極為盛行，先後傳到日本、朝鮮、越南、泰國等國家。

第十八章　古代數學成就
《九章算術》

● 延伸閱讀

珠算加法口訣表

珠算產生以後，人們一直在不斷進行新的探索和改進，形成了各種大同小異的口訣和演算法。下面是現代還在使用的珠算加法口訣（有的與古代稍有出入）。

加幾	不進位		進位	
加一	一上一	一下五去四	一去九進一	
加二	二上二	二下五去三	二去八進一	
加三	三上三	三下五去二	三去七進一	
加四	四上四	四下五去一	四去六進一	
加五	五上五		五去五進一	
加六	六上六		六去四進一	六上一去五進一
加七	七上七		七去三進一	七上二去五進一
加八	八上八		八去二進一	八上三去五進一
加九	九上九		九去一進一	九上四去五進一

《九章算術》

　　《九章算術》又稱《九章算經》，約編成於西元前1世紀中葉，內容十分豐富，包括了先秦到西漢時期的主要數學成就。全書以表示數學方法的術文為核心內容，以應用問題為載體，採用術文統領應用問題集的形式，形成了與古希臘公理化體系迥然異趣的數學風格。

　　《九章算術》現存版本收有246個數學問題，其中絕大多數題目是生產和生活實踐中用到的數學知識的提煉和昇華，這些問題依照性質和解法分別隸屬於方田、粟米、衰分、少廣、商功、均輸、盈不足、方程及勾股九章。

　　《九章算術》記錄了屬於今天算術、代數、幾何等初等數學的大量成就，其中不少在世界數學史上有著重要的地位。例如，它記錄了全套完整的分數四則運算法則，各種比例演算法，完整的盈不足方法，針對多個因素講求公平的均輸方法，完

中國古代黑科技：古人比你想得更厲害

整的開平方和開立方的方法，相當於解線性方程組的方程術以及在方程術中用到的正負數及其四則運則。

《九章算術》是中國現存最重要的古代數學專著，後世的數學家大多是從《九章算術》開始學習和研究數學的。歷代有不少人對它做過校注，其中魏晉時劉徽的注釋最有名，並與《九章算術》一道流傳至今。

《九章算術》在隋唐時期就傳入朝鮮、日本，還被譯成多種文字。

圓周率

中國古代長期採用 3 作為圓周率的近似值來粗略計算，西漢末年以後不斷有人探求更準確的圓周率，但直到西元 3 世紀的劉徽才找到具有普遍意義的科學方法。《九章算術》的方田章提出了圓面積等於周長的一半乘以半徑的公式。劉徽創立「割圓術」證明了這個公式，並形成了計算圓周率的一般方法。他是通過增加圓的內接多邊形的邊數來逼近圓，以獲得圓周率的精確近似值的。

設 S 為圓面積，S_n 表示圓內接正 n 邊形面積，S_{2n} 表示圓內接正 2n 邊形面積。

根據不等式 $S_{2n} < S < S_{2n} + (S_{2n} - S_n)$，劉徽可以確定圓周率介於哪兩個值之間。他從正六角形開始，計算到正一百九十二角形，求出圓周率的近似值 157／50，即 3.14。

南北朝時代的祖沖之繼續推進，得到兩個圓周率：約率 22／7 和密率 355／113，並且確定 $3.1415926 < \pi < 3.1415927$。$3.1415926 < \pi < 3.1415927$ 是當時世界上最精確的計算結果。

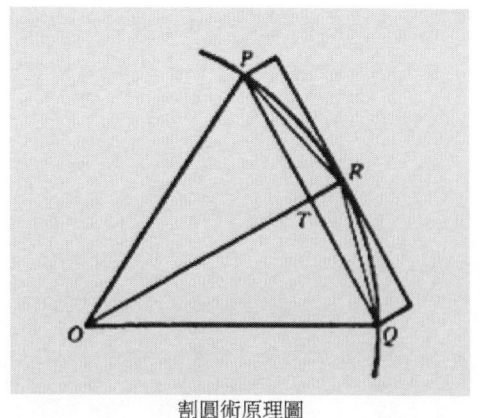

割圓術原理圖

第十八章 古代數學成就
隙積術

隙積術

　　垛積術是中國古代的高階等差級數求和法，是宋元數學的重要分支。垛積術起源於北宋沈括在《夢溪筆談》中提出的隙積術。那麼什麼是隙積術？先來看一個例子。

　　假如現在有一些酒罈，先將30個酒壇在平地上一個挨一個平躺著擺成寬為5個酒壇、長為6個酒罈的長方形；然後在這層酒壇的空隙處放第二層酒罈，則第二層酒罈是寬為4個酒罈、長為5個酒罈的長方形，第二層酒罈的個數是4×5；再在第二層酒罈的空隙處放第三層酒罈，則第三層酒罈是寬為3個酒罈、長為4個酒罈的長方形，第三層酒壇的個數是3×4。

　　這三層酒罈的個數總共是：S=3×4+4×5+5×6=62（個）。

　　如果每層酒罈數量很大，層數又很多，計算起來就不這麼容易。有沒有相應的計算公式呢？沈括對這類問題進行了研究，提出了隙積術。

　　由壇或罄之類的物體垛積成的上下底面都是長方形的棱臺體，其中有空隙，求這個棱臺體的物體總數的方法，就是隙積術。設這個棱臺體的頂層寬為a個物體，長為b個物體，底層寬為c個物體，長為d個物體，高共有n層，這個棱臺體物體總個數為S=ab+(a+1)(b+1)+……+[a+(n-1)][b+(n-1)]。

　　沈括通過研究得出公式：

$$S = \frac{n}{6}[(2b+d)a+(2d+b)c] + \frac{n}{6}(c-a)$$

　　後來，楊輝、朱世傑等又提出很多其他形狀垛的求和公式，顯示了高超的數學水準。

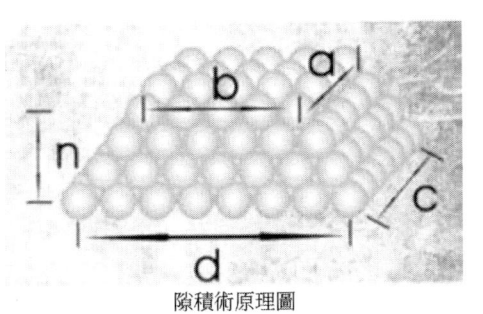

隙積術原理圖

由壇狀物體垛積成的上下底面都是長方形的棱臺體

賈憲三角

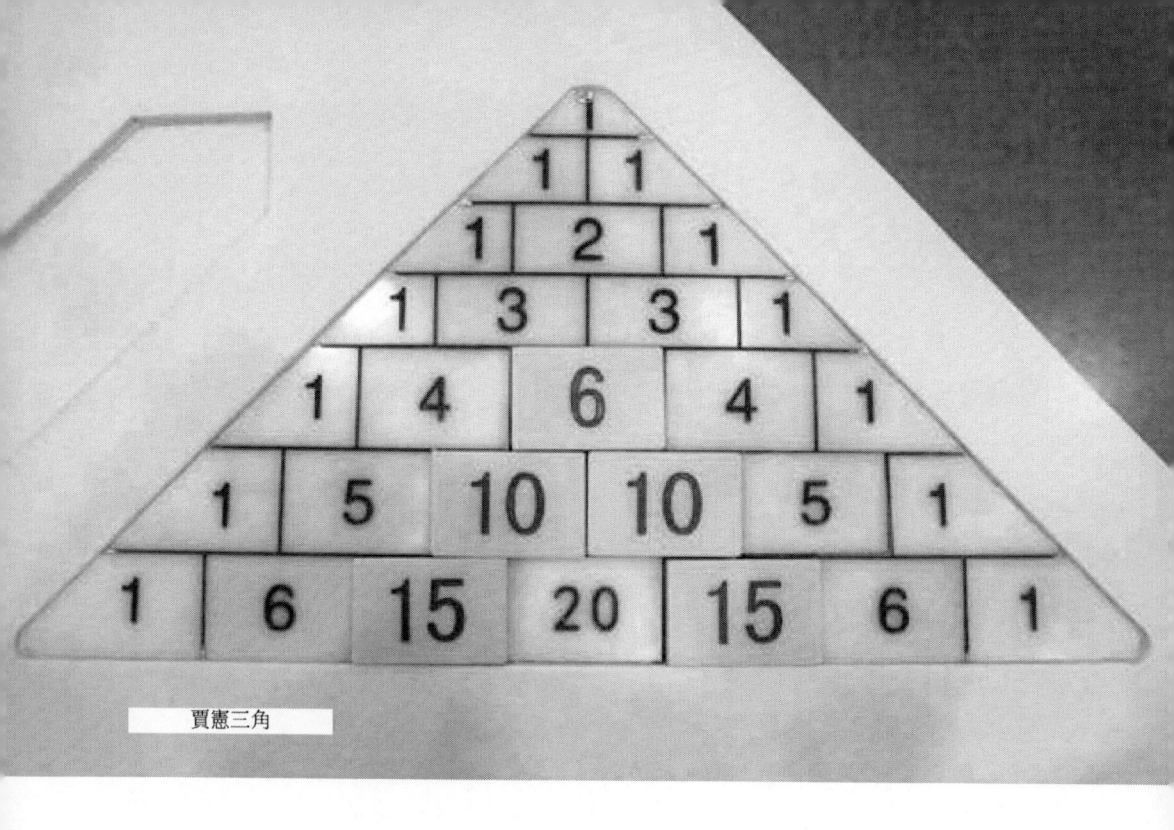

賈憲三角

我們知道

$$(a+b)^0=1$$
$$(a+b)^1=a+b$$
$$(a+b)^2=a^2+2ab+b^2$$
$$(a+b)^3=a^3+3a^2b+3ab^2+b^3$$

將二項式$(a+b)^n$（n=0，1，2……）展開式的係數自上而下擺成的等腰三角形數表，就是賈憲三角。它的每一行中的數字依次表示二項式$(a+b)^n$（n=0，1，2……）展開式的各行係數。從第三行開始，中間的每個數都是上一行它斜上方（肩上）兩個數字之和。北宋賈憲最早使用它。中國古人利用這個三角形數表來開任意次方，並繼續發展成更簡單、更一般的可以求解一元任意次方程數值解的增乘開方法。賈憲三角在歐洲被稱為帕斯卡三角。

第十八章　古代數學成就
出入相補原理

出入相補原理

　　出入相補原理是指：把一個平面圖形或立體圖形移動位置，它的面積或體積保持不變；如果把圖形分割成若干塊，那麼它們的面積或體積的和等於原來圖形的面積或體積，因而圖形移置前後各個面積或體積間的和、差有簡單的相等關係。中國在春秋戰國時期已廣泛應用這一原理來處理幾何問題。

　　一般的多面體可以分解成長方體、塹堵（用一個平面沿長方體斜對兩棱切割得到的楔形立體）、陽馬（底面為長方形而有一個棱和底面垂直的四棱錐）、鱉臑（四面均為直角三角形的四面體）等規則的幾何體進而求得體積。

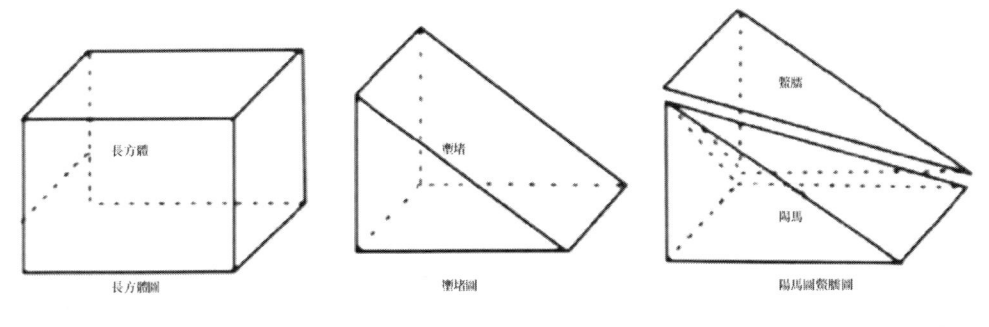

長方體圖　　　塹堵圖　　　陽馬圖鱉臑圖

用塹堵、陽馬、鱉臑搭成的幾何體

中國古代黑科技：古人比你想得更厲害

畢氏定理

在平面幾何學中，有一條關於直角三角形的基本定理，那就是兩直角邊的平方和等於斜邊的平方。在西方，這條定理被稱為「畢達哥拉斯定理」。

中國古人也發現了畢氏定理，並用自己的方法證明了畢氏定理。

據西漢編成的《周髀算經》記載，在西周初年，商高提出了畢氏定理的特例——勾三、股四、弦五；大約春秋戰國之交的陳子提出了普遍的畢氏定理——勾、股的平方相加，再開方便得到弦。

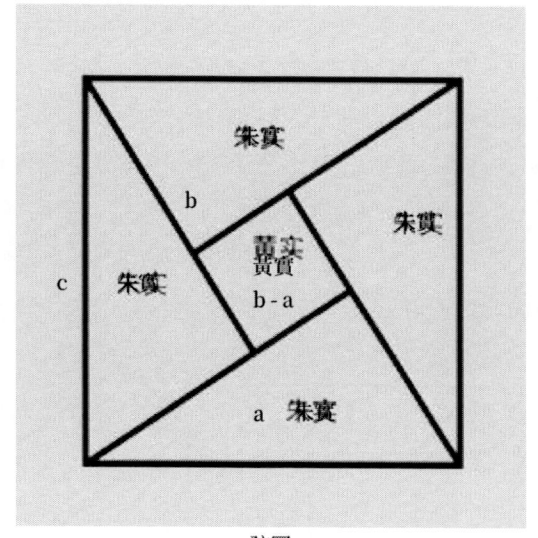

弦圖

約三國時，趙爽在注釋《周髀算經》時，在「勾股圓方圖」說中，運用出入相補原理，以「弦圖」證明了畢氏定理：「以勾股相乘為朱實二，倍之為朱實四，以勾股之差自相乘為中黃實」。趙爽在「弦圖」（以弦為邊的正方形）內作四個相等的勾股形，各以正方形的邊為弦。趙爽稱這四個勾股形面積為「朱實」，稱中間的小正方形面積為「黃實」。

設 a、b、c 分別為勾股形的勾、股、弦，則一個朱實是 $\frac{1}{2}ab$，四個朱實是 2ab，黃實是 $(b-a)^2$。

因為，大正方形面積 =4 個直角三角形面積 + 小正方形面積，

所以，$c^2=2ab+(b-a)^2=a^2+b^2$ 這就證明了畢氏定理。

第十八章　古代數學成就
雉兔同籠

雉兔同籠

　　約成書於西元4—5世紀的《孫子算經》中有一道題是「雉兔同籠」，題目是這樣：「今有雉兔同籠，上有三十五頭，下有九十四足。問雉兔各幾何？」

　　《孫子算經》還給出了兩種解法，其中一種解法是：「上置頭，下置足，半其足，以頭除足，以足除頭，即得。」意思是說：先求出雉和兔的腳的總數的一半（94÷2＝47），用雉和兔的頭的總數去減總腳數的一半（47-35=12），就是兔數，再用減得的結果去減總頭數（35-12=23），就是雉數。

　　因為雉腳數為雉頭數的兩倍，兔腳數為兔頭數的4倍，雉頭數的一倍和兔頭數的兩倍之和就是總腳數的一半，從總腳數的一半中減去總頭數（雉頭的一倍與兔頭的一倍之和）所得到的值就是兔頭的一倍的數，也就是兔數；從總頭數中減去兔數就得到雉數。

縱橫圖

　　什麼是縱橫圖？先來看一個例子。

　　有9個數字：1、2、3、4、5、6、7、8、9，將它們排成縱橫各有3個數的正方形，使每行、每列、每條主對角線上的3個數的和都等於15。這樣的排列稱為三階縱橫圖，也稱三階幻方。

　　右圖這樣的排法滿足要求。

　　其中，$15=\frac{1}{2}\times 3\times (9+1)=\frac{1}{2}\times 3\times (3^2+1)$。

4	9	2
3	5	7
8	1	6

三階縱橫圖

中國古代黑科技：古人比你想得更厲害

同樣，如果有 1 到 n^2 個自然數，將它們排成縱橫各有 n 個數的正方形，使每行、每列、有時還包括每條主對角線上的 n 個數的和都等於 $\frac{1}{2}n(n^2+1)$，稱這樣的排列為 n 階縱橫 2 圖，也稱 n 階幻方。

三階縱橫圖相傳起源於大禹治水時神龜所負的「洛書」。1977 年在安徽省阜陽市雙古堆西漢墓中發現了太乙九宮占盤，占盤中間有一個圓盤，圓盤上刻有數字，如果在圓盤中央加上「五」，則這些數字和「五」就構成一個三階縱橫圖。約成書

四階縱橫圖

於西漢末年的《大戴禮記》中記載了「洛書」數：「二九四、七五三、六一八」。北周時已有明確的三階縱橫圖。北周甄鸞在對《數術記遺》做注解時寫道：「九宮者，即二、四為肩，六、八為足，左三右七，戴九履一，五居中央。」這和我們上面填的數位順序是一樣的。

縱橫圖的研究在宋代有很大進展，南宋楊輝《續古摘奇演算法》收錄了三階到十階的縱橫圖和構造縱橫圖的一些簡單規則，而且有多種變體。「縱橫圖」的名稱也始於《續古摘奇演算法》。

縱橫圖現在仍然是組合數學研究的課題，廣義幻方、幻體等都由它推廣而來。

● **延伸閱讀**

聚六圖

《續古摘奇算法》中有一種「聚六圖」，是縱橫圖的一種變體，是將 1 到 36 的 36 個自然數排成六個環，每個環的所有數字的和都是 111。

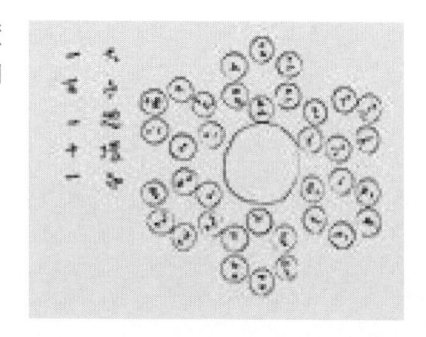

第十九章 好玩的益智玩具

● 撰稿人／龍金晶

七巧板、華容道、九連環是帶有中國特色的著名益智玩具，李約瑟博士在《中國科學技術史》中稱七巧板是「東方最古老的消遣品之一」；日本《數理科學》雜誌將以中國華容道為代表的滑塊遊戲稱為「智力遊戲界三大不可思議之一」；國外稱九連環為「中國環」。它們既有很強的娛樂性，又能夠鍛煉遊玩者的觀察力、創造力和動手能力，因此深受世界各國人民的喜愛。

變化無窮的七巧板

七巧板是一種用七塊大小不同的直角三角形、平行四邊形和矩形拼出形態萬千的奇妙圖形的遊戲。

無論在現代還是在古代，七巧板都是啟發幼兒智力的良好夥伴，能夠幫助幼兒把實物與形態之間的關係連接起來，來培養幼兒的觀察力、想像力、形狀分析及創意邏輯。

那麼，好玩的七巧板是如何演變來的呢？

宋代有一個叫黃伯思的人發明了「燕几圖」，用七張長短不一的方形桌子，來組合成宴會時使用的廣狹不同、形式多樣的實用桌，並冠以多達 68 種擺設名目，這成為後世所囊括形狀更加多樣的七巧板的雛形。明代的戈汕在其基礎上發明了「蝶几圖」，把斜邊引入傢俱擺放樣式之中，以勾股之形，作三角相錯形，如蝶翅。該圖形有 3 種樣式（即三角形、矩形和平行四邊形），桌面共 13 塊，能產生 100 餘種變化。後來發展到清代，有記錄稱：「近又有七巧圖，其式五，其數七，其變化之式多至千餘。」據此可大致推測出七巧板演變的歷史，即由宋代的代演變成「七巧圖」。

除了作為一種實用的拼接傢俱，「七巧板」作為一種益智遊戲開始在明清時期的宮廷中流傳開來，深受人們喜愛。可以說，燕几、蝶几、益智圖、七巧板等，都是中華民族圖形變化思維智慧的產物。

第十九章　好玩的益智玩具
變化無窮的七巧板

　　用一副七巧板不僅可以拼出人物、動植物、各類建築圖案，還可以拼出漢字、數字、生活用品等各種各樣的圖形。

　　大約在 19 世紀初，七巧板流傳到歐美西方國家，一度被稱為「唐圖」。有不少西方學者專門對其玩法進行了深入研究，不少有關七巧板的著作問世。19 世紀末到 20 世紀初，美國還有一位電腦專家專門開發了一套七巧板的演變演算法和程式。七巧板在歐美國家風靡一時，成為廣受人們喜愛的一種世界性的益智玩具。

　　七巧板的科學依據是平面鑲嵌，即用各種圖形重複組合排列來填滿整個平面。七巧板所使用的主要是正四邊形鑲嵌，即以直角及直角之半的 45° 角為特徵的正方形、等腰直角三角形為基本圖形。由於正方形是能夠被單獨用來進行平面鑲嵌的三種正多邊形之一（還有正三角形、正六邊形，這幾種形狀因此常可見於地磚或牆面裝飾），它和它的對折圖形，邊長成 1、$\sqrt{2}$、2……等比排列，且各個角可以以 45° 的不同倍數為變化，這樣就在邊角整齊的同時保證了組合的豐富性。它既可以組成一個完整的圖案（如初始的正方形），也可以發揮想像力，形成其他生動擬真的圖形。

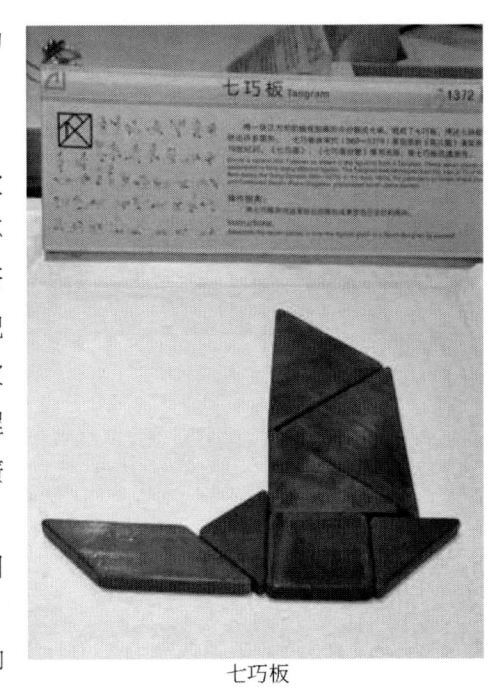

七巧板

● 延伸閱讀

　　拿破崙在滑鐵盧戰役失敗後被流放到聖赫勒拿島，為了打發百無聊賴的流放生活，他迷上了七巧板遊戲，從此在七巧板遊戲中度過了被流放的餘生。

中國古代黑科技：古人比你想得更厲害

奧妙趣味的九連環

　　九連環是最具代表性的中國傳統智力玩具，具有極強的趣味性，不僅能鍛煉動腦動手能力，還能培養專注力和耐心，深受各年齡段人們的喜愛。

　　九連環有著非常悠久的歷史，其遊戲思維與器物形態的雛形最早可追溯到先秦時代。《戰國策·齊策》中曾記載：秦始皇派使臣入齊時，送給齊國王后一個玉連環，並以解開玉連環來刁難齊國君臣，來彰顯秦國的強大。這裡提到的玉連環可能只是相互套疊的兩枚玉環。雖然與現在的九連環遊戲還存在較大差異，但是因為在形制上環環相扣，並要求尋求巧妙的方法來打開閉合的鏈條，因此被視為九連環的雛形。此外，中國源遠流長的鎖文化也有可能為九連環的發明提供了技術知識方面的基礎。

　　宋朝以後，九連環遊戲開始廣為流傳，對於九連環的記載也越來越多。宋代周邦彥在《解連環》詞中，就有「信妙手，能解連環」的記載。在南宋《西湖老人繁勝錄》中，也提到市場上有「解玉板」賣，這種解玉板據說就是最早的連環玩具。明代楊慎在《丹鉛總錄》中也記載，以玉石為材料製成兩個互貫的圓環，「兩環互相貫為一，得其關捩，解之為二，又合而為一」。他所說的「兩環」解合的過程與九連環的套解極其相似。

　　九連環主要由九個圓環及框架組成。每一個圓環上都連有一個直杆，九個直杆的另一端相對固定。玩九連環時，要想辦法把九個圓環全部從框架上解下來或套上去。九連環的玩法雖然比較複雜，但是只要找出規律，並且遵循一定的規則來解套，就能發現其中奧妙無窮、樂趣多多。

　　解九連環主要應用了數學中「遞迴」的思路和方法，即通過用同一種程式進行反復更迭還原，回歸到最簡單的問題。為瞭解下第 n 只環，往往需要先退回一步，將已經解下來的第 n-1 只環裝回去。

　　九連環環環相扣，趣味無窮。解九連環的過程需要分析與綜合相結合，不斷進行推理和思考，解環的過程極度需要耐心，要冷靜分析、不急不躁。玩的過程也是對為人處世哲學的一種參悟：在解決世間難題時，有時要「以退為進」；為了實現一個全域目標，在某個具體步驟上採取退讓甚至犧牲的做法是非常必要的。

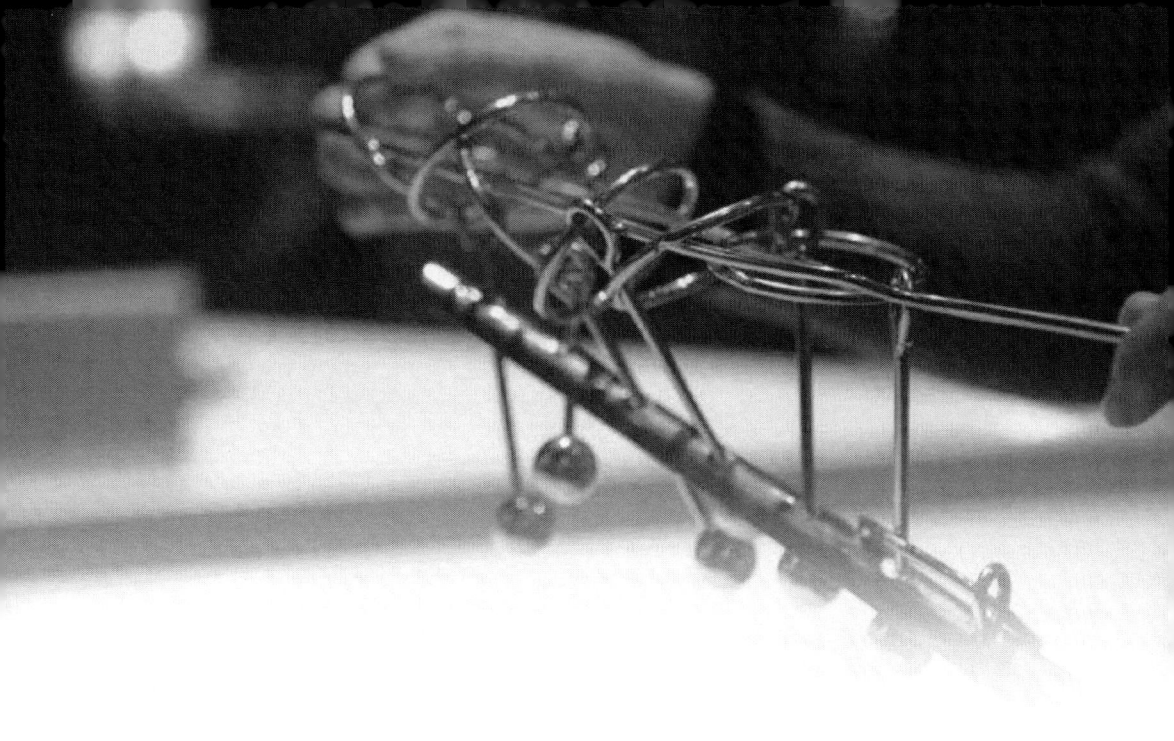

九連環的各種玩法很多，但只是思維方法的不同，其過程是一樣的。19世紀瑞士數學家格羅斯曼經過運算，證明解開九連環至少需要341步。發展至今，九連環遊戲慢慢演變出了多種類型，目前連環類玩具的種類至少在1000種以上。

● 延伸閱讀

　　在明清時期，上至士大夫，下至販夫走卒，大家都很喜歡它。歷史上，很多著名文學作品都提到過九連環，如託名為西漢才女、辭賦家司馬相如之妻卓文君的數字詩中曾提及九連環：「八行書無可傳，九連環從中折斷，十里長亭望眼欲穿；百思想，千懷念，萬般無奈把郎怨。」（有學者認為這是元代作品）《紅樓夢》中也有林黛玉巧解九連環的記載。

不可思議的華容道遊戲

　　華容道遊戲屬於滑塊類遊戲，就是在一定範圍內按照一定條件移動一些稱作「塊」的東西，在滑動過程中不得減少塊的數量，最後滿足一定的圖形組合要求。

　　滑塊類遊戲有可靠記載的歷史始於19世紀西方的「滑十五」遊戲，後來世界各

中國古代黑科技：古人比你想得更厲害

國均根據其歷史文化對遊戲外觀有所變化。華容道類滑塊遊戲的發明據記載是在 20 世紀初，但是其借用了三國時期的典故，具有濃厚的中國特色。

華容道遊戲是由一個 20 個方格的棋盤構成的，棋盤上有 10 顆棋子，分別代表曹操（占 4 個空格），趙雲、關羽、張飛、馬超、黃忠五員大將（各占 2 個空格），4 個士兵（各占 1 個空格），還有 2 個方格空著。華容道遊戲的玩法如下：通過兩個空格移動棋子，用最少的步數把曹操移出棋盤。

華容道遊戲看似簡單，但是真正參透其中的奧妙卻不是一件容易的事

華容道遊戲

情。許多人廢寢忘食，最終目的就是把移動的步數減到最少。經過多年的研究和實戰經驗，人們最終發現，華容道的最快走法依最初佈局而定，不同的佈局決定了最後的行動步數如最經典的「橫刀立馬」佈局最終解法是 81 步，而最難的「峰迴路轉」佈局需要至少 138 步。

● 延伸閱讀

華容道的由來

華容道之名源自中國古代的一個地名，據考證，該地方位於現湖北省荊州市監利縣城以北約 60 里的古華容縣城內（一說在現湖南省華容縣境內）。華容道遊戲取自著名的三國故事，曹操在赤壁大戰中被劉備和孫權的聯軍打敗，被迫退逃到華容道，又遇上諸葛亮的伏兵，關羽為了報答曹操對他的恩情，明逼實讓，終於幫助曹操逃出了華容道。遊戲就是依照「曹瞞兵敗走華容，正與關公狹路逢。只為當初恩義重，放開金鎖走蛟龍」這一故事情節編創的。

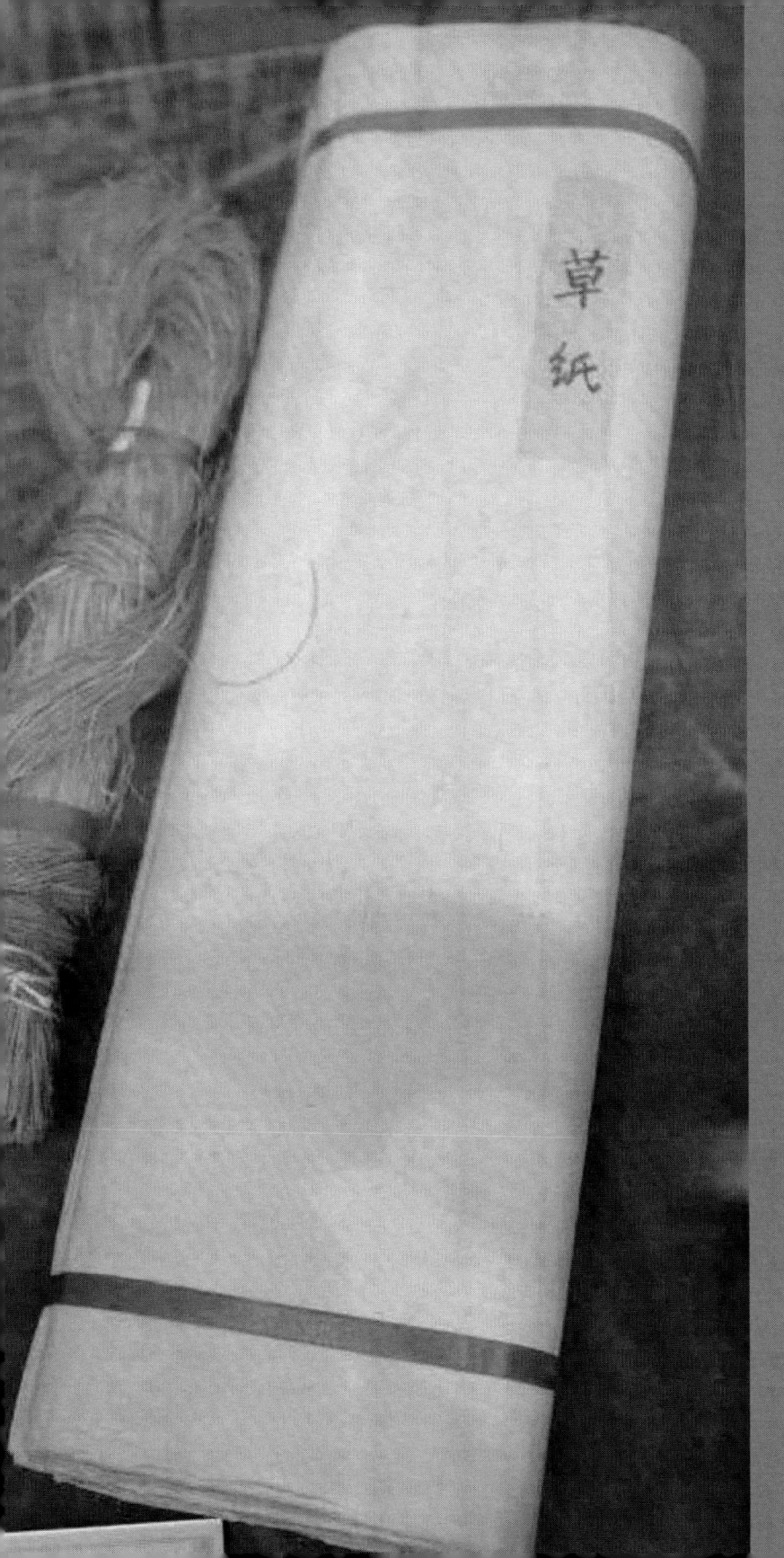

第二十章 造紙術

撰稿人／劉 巍

中國古代黑科技：古人比你想得更厲害

讓 我們來開想像一下吧，假設你能完整地背下我們這本書，再用時光機把你送到造紙術發明前的時代，同時交給你一個任務——默寫本書內容，使之流傳後世，那麼你會怎麼辦呢？

無紙時代

要解決上面這個問題，你除了要知道穿越的時間座標，還需要知道空間座標。如果是回到西元前 4000 年兩河流域文明時期的蘇美爾人那裡，那你就可以用寫滿楔形文字的泥版來流傳這本書，不過寫好後請儘量埋在寺廟裡，這樣以後被發掘出來的幾率會比較大。

如果穿越到了西元前 3000 年的埃及，那你可以把黏乎乎的莎草剖開，再壓平連接成「莎草紙」，然後用削尖的蘆葦筆在上面書寫。需要注意的是，雖然叫「紙」，但其實並不是紙，因為「紙」是由植物纖維製成的薄片，「在造紙過程中植物原料不但經歷了外觀形態上的物理變化，還經歷了組成結構上的化學變化，原料的纖維分子間是靠氫鍵締合的」，而埃及人的「莎草紙」顯然沒有做到這一點，上面還可以看到清晰的植物經緯紋路，所以不能被稱為「紙」。

除了寫在「草」上，你還可以把文字寫在寬闊的棕櫚樹葉子上，寫好後在每片葉子上打孔，再用繩子把它們穿起來。當然，這麼做的前提是時光機把你送到了西元 8 世紀的古代印度。古印度人通常用這種方式書寫佛經，這就是貝葉經。

你要是被送到了西元前 282 年～前 129 年位於土耳其的帕加馬呢？那麼恭喜你，你終於可以用一種比較貴的材料來書寫了，那就是帕加馬人發明的「羊皮紙」。不過和「莎草紙」一樣，「羊皮紙」也不是「紙」，準確地說它的名稱應為「羊皮板」。

也許你會問，要是我穿越到了古代中國呢？那你的選擇餘地可不小，在殷商時可以用龜甲、獸骨、青銅器，在戰國、秦漢可以用竹簡和木牘。對了，還有一種昂貴的書寫材料——縑帛，而且與羊皮相比，它更柔軟輕便，幅面寬廣，又易於保管，

寫在羊皮卷上的「死海古卷」

便於閱讀。雖然優點這麼多,但是你不大可能會用它來書寫本書內容,因為實在太貴了,一匹絲絹的價格可以買400多公斤的米,很可能你還沒寫完,就已經破產了。

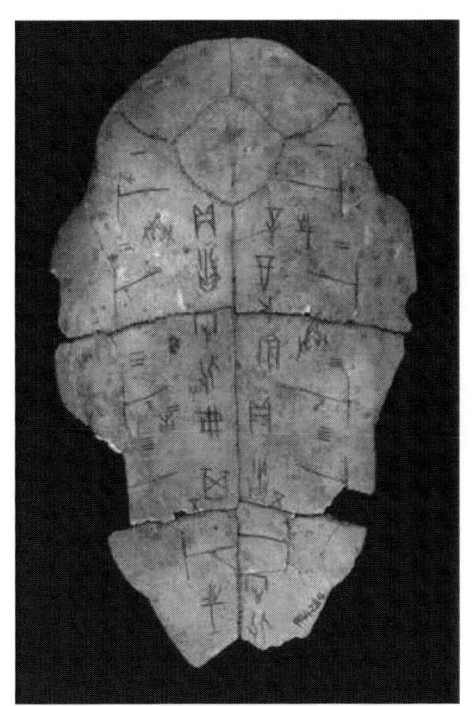

刻在甲骨片上的甲骨文

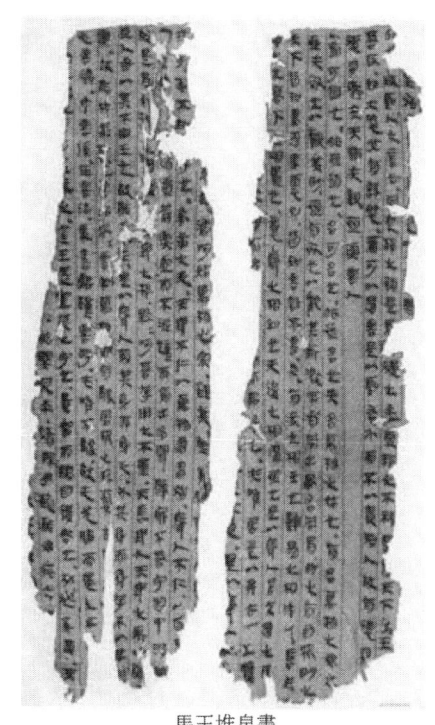

馬王堆帛書

177

中國古代黑科技：古人比你想得更厲害

這些書寫材料要麼太重（如泥板、竹簡），要麼太貴（如羊皮、縑帛），要麼對保存環境要求高（如「莎草紙」在潮濕的環境下很容易長黴），所以你在造紙術發明之前想要很好地完成這項任務，真不是一件容易的事。但是，當輕巧、廉價的紙誕生，情況就大大不同了。

神奇紙，中國造

也許很多人會認為我們的造紙術是在東漢由蔡倫發明的，其實不然。考古證據表明，中國人早在西元前2世紀的西漢時期，就造出了以麻為原料的紙。而根據西元2世紀的《風俗通義》明確記載，東漢初，光武帝劉秀從長安遷都洛陽時「載素、簡、紙經凡二千輛」，這表明至遲在西漢末年，除簡、帛外，政府也已經使用紙張來書寫檔檔案。

那麼，東漢蔡倫的貢獻是什麼呢？蔡倫使用麻頭、樹皮、敝布、魚網等廢舊材料，並使用了反覆春搗、漚製脫膠、強鹼蒸煮等工序，改進了西漢以來的造紙術，擴大了造紙原料範圍，實現了造紙史上的一項重要突破。1974年，考古學家在甘肅省武威市旱灘坡發掘出了一些東漢紙張殘片，經科學分析表明，此時的紙在工藝上與前代相比已有很大進步。

東漢以後，以麻造紙的技術發展得更為成熟。但是，由於麻類植物的纖維較粗，春搗時不易弄斷，所以成品紙上容易留有

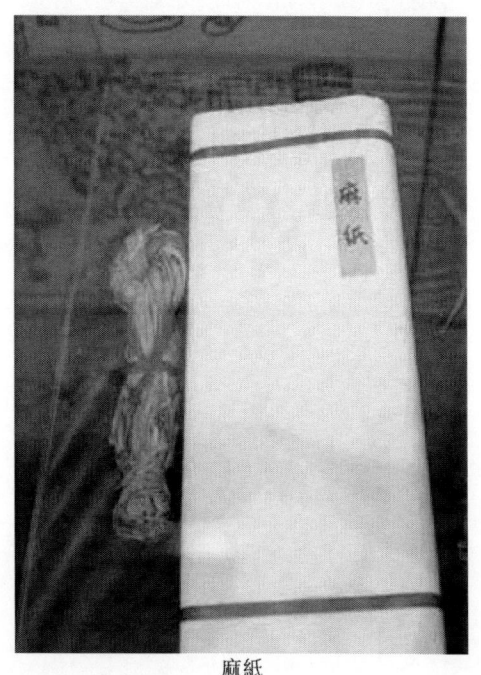

麻紙

第二十章 造紙術
神奇紙，中國造

「麻筋」，影響品質，與樹皮和竹料相比成本又較高，因此在隋唐時期，藤皮、楮樹皮、桑樹皮和竹子等逐漸取代麻類植物成為造紙的主要原料，用它們造的紙被稱為皮紙和竹紙。

● **延伸閱讀**

那些年我們剝過的皮

為了造紙，我們剝過好多植物的皮。比如，東漢時雖然造紙的主要原料是麻，不過也出現了以楮樹皮為原料的紙。楮樹即構樹，也稱穀，是桑科落葉喬木，三年就可長成。它的纖維又短又細，容易搗爛，所以抄出的紙更加均勻，尤其是隋唐以後，造紙工藝非常成熟，楮樹皮紙以其細、白、軟、薄的特點而頗受書畫家喜愛。除了楮樹外，勤勞的中國人民還剝過桑和藤皮來造紙。

中國人最初對桑樹的利用是養蠶取絲，大概是在魏晉時期，發現桑樹皮也可以造紙，於是桑樹也就被加入了我們的剝皮名單。桑皮紙既綿且韌，抗折抗拉，成紙上還能看出較為清晰的直紋紋理。

藤皮造紙則始於晉代。在浙江省嵊縣剡溪一帶最先開始用野生的藤皮造紙，這就是非常有名的「剡藤紙」。多種文獻記載，藤紙在唐代達到全盛，被選為貢紙。皇帝愛用它，官員寫公文愛用它，詩人畫家愛用它，甚至對喝茶有講究的人也愛用它（陸羽在《茶經》裡就說過，用藤皮紙做的紙袋裝茶葉可以更好地留住茶香）。這麼多人愛用而帶來的後果就是——由於野生藤長得慢，樹皮滿足不了那麼多的需求，所以藤都快被砍光了。這真是一個悲傷的故事。當然，除了這些主流的「皮」，在唐代我們也剝過一些非主流的「皮」，如沉香、白瑞香、月桂等。

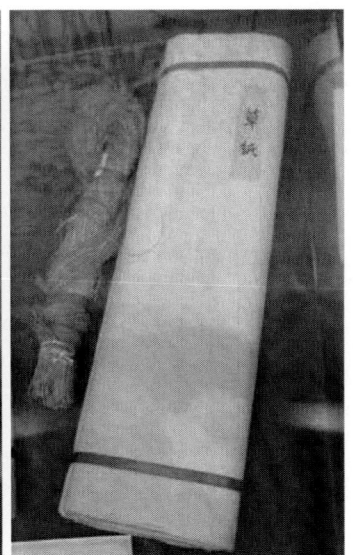

皮紙　　　　　　　　草紙

中國古代黑科技：古人比你想得更厲害

竹香幽幽紙綿長

　　樹皮、藤皮做紙的品質很好，但是樹和藤長得慢，那能用長得很快的植物來造紙嗎？答案是可以，就是竹子。由於學者們還沒有定論，所以我們砍竹造紙的歷史可能起於晉代，也可能起於唐代，不過不論起於何時，在宋代時已經可以見到較多竹紙，但它們品質一般，主要體現在沒有使用漂白工序，所以呈現淺黃色；韌性也差，容易折斷；外觀粗糙，紙上還可看到未搗碎的竹纖維。

　　這些缺點直到明代中期才因為造紙技術的進步而被克服。明代宋應星在《天工開物·殺青》中完整記錄了明代福建竹紙從選竹到烘紙的生產過程。

　　每年芒種時上山砍竹，選快長出竹葉的嫩竹，砍下的竹子放在水塘中浸泡100天，然後去掉竹子表面的粗殼與青皮，得到看上去像麻纖維的竹穰，也就是「竹麻」，再把竹麻放進裝有石灰水的桶裡煮上8天8夜。

　　竹麻煮好後，放到水塘中漂洗幹淨。漂好的竹麻整齊疊放在裝有柴灰漿液的大桶中，封好口，放在火上蒸煮。中間還需要多次把竹麻互換上下層的位置，淋上熱灰漿，然後接著蒸煮，煮個十幾天，就可以拿出來舂搗了。

　　將竹麻搗成麵粉狀拿出，放進紙槽，加清水。這個時候還需要在紙槽中加入一種神奇的「調料」，加了它才能解決宋代竹紙韌性差、容易折斷的缺點，這就是──紙藥。

竹紙

180

第二十章　造紙術
防蟲印花巧思量

它是用新鮮楊桃藤枝條浸製的黏液，製好後把它按照一定比例加入紙漿中。紙藥的作用有兩個，一是可以讓紙漿中的纖維懸浮並均勻分佈，這樣才能抄出質地均勻的紙；二是它能防止抄出來的紙互相黏連，讓每一張紙在抄好後可以順利分開。

紙漿配好後就是抄紙了。這個工序的技術要求很高，沒有幾年的訓練，是抄不出質地均勻的好紙的。

抄好的紙壓去多餘水分，再分開，然後上火牆烘烤，乾燥後揭下，竹紙就造好了。

防蟲印花巧思量

當造紙的基本技術發展得比較穩定後，人們便開始對紙的外觀進行加工，以滿足不同需要。

潢紙，又稱「黃紙」，是把紙浸在黃檗溶液中，然後晾乾而成。黃檗為芸香科植物，色香，並且富含小檗城。這種生物鹼是黃檗染料的主要成分，具有良好的殺蟲抑菌的效果。所以用「潢紙」製書，不易被蟲蛀。雖然有人提出製造潢紙的技術源於漢代，不過這點還缺乏足夠證據。但可以肯定的是，在兩晉南北朝時期，這種技術已經存在，並有了較大發展。

暗花紙，因紙上有暗花圖案而得名，可以通過兩種手段實現紙上暗花，其一是砑花技術，其二是「浮水印」技術。砑花技術由唐代工匠發明，是用刻有某種圖案、花紋的陽模壓印紙面，壓印處紙纖維緊密，與周圍原狀態的纖維在透光性方面形成明顯反差，由此取得暗花效果。砑花技術在宋代發展得更為精緻。現藏於北京故宮博物院的米芾的《韓馬帖》就是在砑花紙上所作，紙面呈現出了精美的雲中樓閣圖案。「浮水印」技術有可能起於唐代，五代至北宋時期已被人成熟使用。人們在抄紙的竹簾上預先用絲線編好圖案，這樣在抄紙時編有圖案的地方所附著的植物纖維會較少，因此透光性較強，從而形成漂亮的浮水印花紋。這樣的紙即便沒有經過書畫家的揮毫創作，也可堪稱藝術品。

中國古代黑科技：古人比你想得更厲害

中國的紙中上品是宣紙。一般認為它始於唐代，產於宣州涇縣，所以得名「宣紙」。它以青檀皮為主要原料，以沙田稻草為主要配料，以獼猴桃藤汁為藥料在涇縣特定的氣候環境下才能生產出來。宣紙不但光、韌、細、白，耐存少蛀，而且由於獨特的滲透及潤滑性能，能使書畫家的作品墨色分層，紋理清晰，從而更有表現力。

中國人不會想到，他們用麻、樹皮、破布等原料製成的被稱為「紙」的東西會在公元 8 世紀之後由阿拉伯人傳播到世界各地。

這種輕薄的文字載體從此讓文化傳播和交流變得更加迅捷，同時為藝術家的書畫創作提供了更寬廣的空間，讓更多藝術瑰寶流傳至今，使我們可以欣賞到它們歷經歷史沉澱後的美。

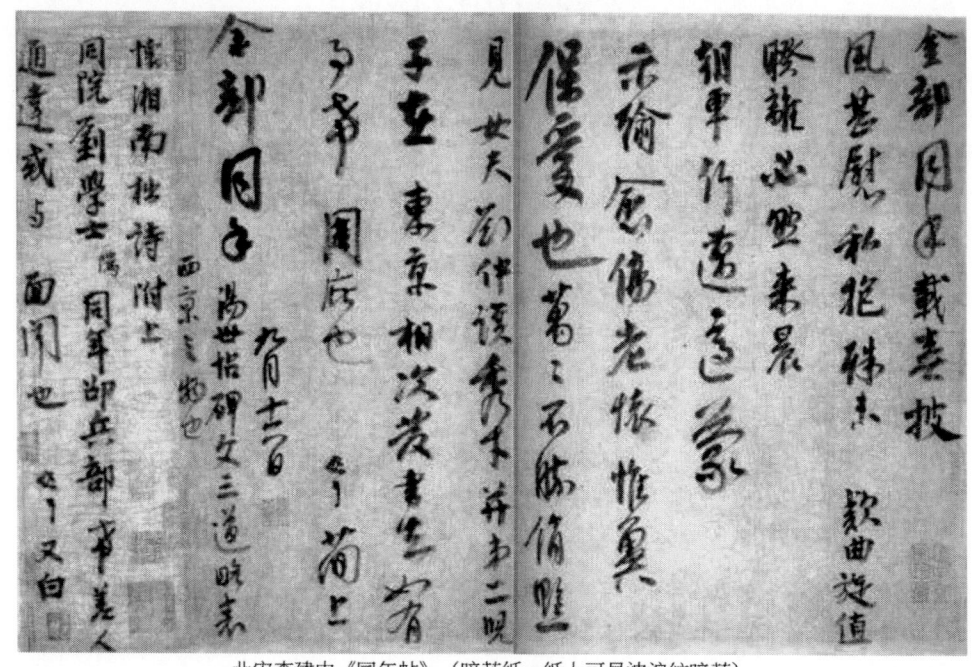

北宋李建中《同年帖》（暗花紙，紙上可見波浪紋暗花）

第二十一章 印刷術

● 撰稿人／劉 怡

中國古代黑科技：古人比你想得更厲害

紙 是一種優質、輕便、價廉的書寫材料，造紙術的普及促進了書籍的發展。在印刷術發明前的漫長歲月裡，書籍主要通過手工抄寫來複製，但這種方式需要較多的人力和時間，且容易抄錯，在一定程度上阻礙了文化的發展。

那麼，有沒有什麼辦法能夠更加方便靈活、省時省力，又能夠克服手抄書的這些缺點呢？

當然有！勤勞智慧的中國人民經過長期實踐和研究，創造了改變世界的四大發明之——印刷術。

印刷術的前驅技術
——印章和拓石

中國的印章起源很早，河南省安陽市曾出土商代的青銅陽文印章，那時候還沒有紙，日常的公文或書信只能寫在簡牘上。那麼，怎麼判斷這封公文或書信沒有被別人隨便打開看過呢？

聰明的古代人用繩紮好簡牘，用泥封好，把印章蓋在泥上，從而起到保密的目的。在紙出現了之後，人們改進了這種保密的方法，在公文紙或公文袋的封口處蓋上印章。直到現在，很多單位還沿用這種方法對公文進行保密呢。其實，北齊時的人們把原本很小的印章做得很大，已經很像一塊小號的雕刻版了。

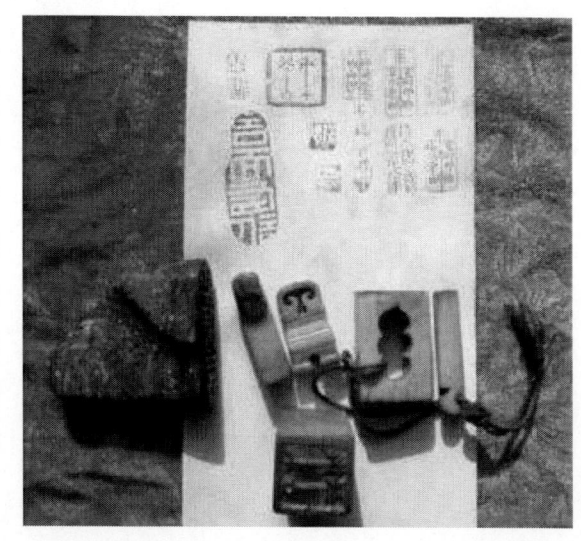

第二十一章 印刷術

印刷術的前驅技術——印章和拓石

拓印是將器物表面的凸凹圖文或石刻文字，用大小合適的宣紙蓋上，輕輕潤濕，然後用毛刷輕輕敲打，等紙張乾燥後，用刷子蘸墨，使墨均勻地塗於紙上，最後把紙揭下來，一張拓片就完工了。拓印是印刷術產生的重要技術條件之一，在隋代已很發達。

是技術，更是藝術
——雕版印刷流程

大約在西元7世紀的隋末唐初，人們根據刻印章的原理，發明了雕版印刷術。雕版印刷的工藝流程極為複雜，共有20多道工序，包括寫版、上樣、刻版、刷印、裝訂等主要步驟。

雕版印刷技藝是運用刀具在木板上雕刻文字或圖案，再用墨、紙、絹等材料刷印、裝訂成書籍的一種特殊技藝，開創了人類史上複印技術的先河，在世界文化傳播史上發揮著無與倫比的重要作用。

雕版印刷術在唐朝時期出現，早期多用於民間印刷佛像、經咒、發願文以及曆書等。西元824年，元稹為白居易詩集作序，說道：「二十年間，禁省、觀寺、郵候牆壁之上無不書，王公、妾婦、牛童、馬走之口無不道。至於繕寫模勒，炫賣於市井，或持之以交酒茗者，處處皆是。」模勒即模刻，持交酒茗則是拿著白詩印本去換茶換酒。公元835年前後，四川省和江蘇省北部地方民間都曾「以板印曆日」，拿到市場上去出賣。西元883年，成都地區的書肆中能看到一些「陰陽雜記占夢相宅九宮五緯之流」的書，「字書小學」「率皆雕版印紙」……這說明，在唐朝的中後期，雕版印刷已經成為大眾普及文化的一種重要媒介。

五代時期，不僅民間盛行刻書，政府也大規模刻印儒家書籍。

宋代時，雖然發明了活字印刷術，但是普遍使用的仍然是雕版印刷術。雕版印

雕版印刷的工藝流程

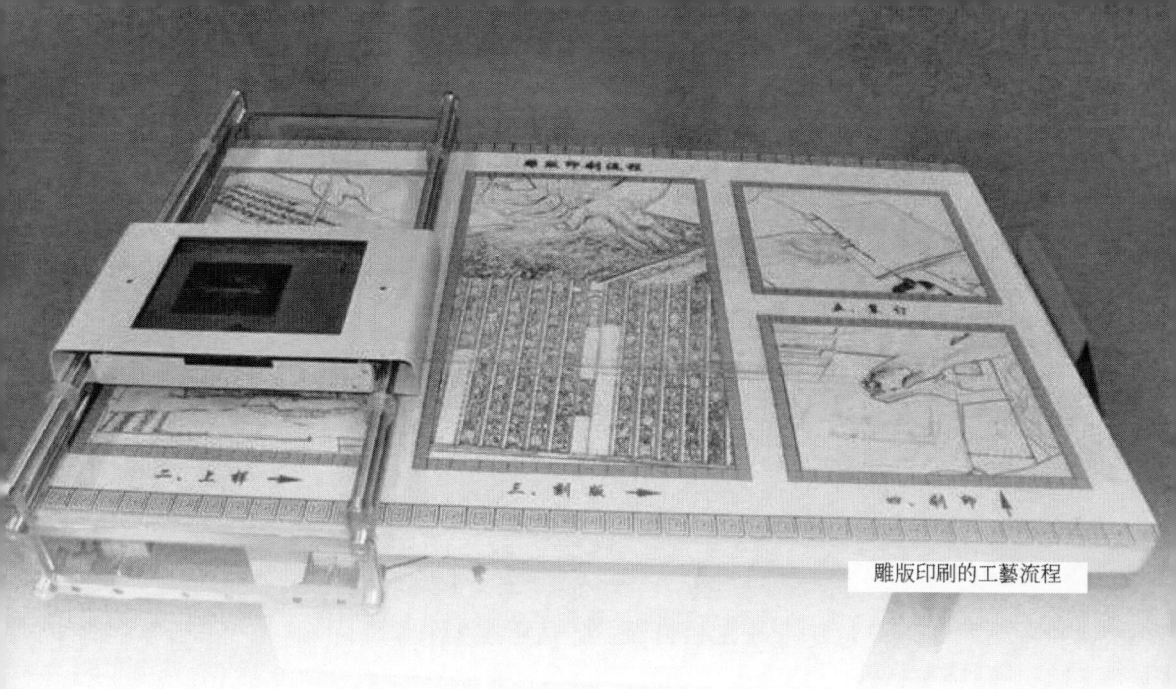

刷技術更加發達,技術臻於完善,尤以浙江省的杭州、福建省的建陽、四川省的成都刻印品質為高。宋太祖開寶四年(西元971),張徒信在成都雕刊全部《大藏經》,計1076部,5048卷,雕版達13萬塊之多,是早期印刷史上最大的一部書。

發展到元、明、清三代,從事刻書的不僅有各級官府,還有書院、書坊和私人,所刻書籍遍及經、史、子、集四部。

第二十一章　印刷術
是技術，更是藝術──雕版印刷流程

● **延伸閱讀**

最早的商標廣告實物──劉家針鋪廣告銅版

如圖，你能看到一塊黑不溜秋的銅版，仔細一看，中間仿佛是一隻兔子，四周還刻著密密麻麻的小字。你能猜出來這塊銅版是做什麼用的嗎？

這塊銅版是劉家針鋪廣告銅版，它誕生於北宋年間，是目前已知的中國乃至世界上最早出現的商標廣告實物，在歷史學界、經濟學界尤其是廣告學界極富盛名。

從廣告學角度來看，這塊銅版中的兔子類似於咱們常見的商標，「濟南劉家功夫針鋪」這幾個銅字相當於註冊公司，「認門前白兔為記」這幾個字是在提醒大家一定要認準我們家的「兔」商標，別進錯了門喲！廣告內容是宣傳該針鋪用上等的原料造針，使用方便，如果有人想要批發購買，還可以優惠呢！

劉家針鋪廣告銅版（複製件）

古代印鈔機──行在會子庫銅版

北宋時期開始使用紙幣，紙幣印刷大多使用銅版。中國國家博物館收藏了一件行在會子庫銅版。考考你，「行在會子庫」是什麼意思呢？

「行在會子」是南宋的一種紙幣。「行在」是皇帝臨時所在之地，即今杭州。「會子」是紙幣名稱。「會子庫」即原會子務，是主管會子的機構。該版為豎長方形版面，包括發行機關名稱、面額，以及對偽造者和舉報者的賞罰措施等內容。

行在會子庫銅版

無垢淨光大陀羅尼經

歷史表明，印刷術與佛教具有很深的歷史淵源，現存最早的雕版印刷品是中國唐代武則天時期的佛經卷《無垢淨光大陀羅尼經》。為了宣傳佛教，佛教僧侶積極使用印刷術，印刷了大量的佛經，這也在一定程度上促進了印刷術的進一步發展和推廣。

轉輪排字盤

提高印刷效率
——活字印刷術

　　雖然雕版印刷術大大促進了書籍的普及，但是它也有不少缺點，如刻版費時，易漏刻錯刻，雕好的版片佔用大量房舍，還容易蛀蟲、變形……這些缺點促成了印刷術的改進。

　　宋代的畢昇在年輕的時候是印刷鋪工人，他在長期的印刷實踐中，深深地體會到雕版印刷的艱難，在認真總結前人經驗的基礎上，開動腦筋，發明了世界上最早的活字印刷術。

　　中國北宋科學家沈括所著的《夢溪筆談》記載了活字印刷術的具體步驟，主要包括用膠泥刻字、燒字、排版、印刷等。和雕版印刷術相比，這種泥活字印刷術的優點是製造泥活字成本低廉，而且活字能夠反覆使用，容易存儲和保管，不占過多空間。作為中國印刷術發展中的一個根本性的改革，活字印刷術先後傳到朝鮮、日本、中亞、西亞和歐洲等國，為世界各國知識的廣泛傳播、交流創造了條件。

　　元代科學家王禎為了克服膠泥活字易碎、遇水易化等缺點，發明了木活字印刷術，取得了更好的印刷效果。後來，他還發現排字工人在一大堆木活字堆裡揀字速度很慢，人也很累，就想辦法改進排字方法，發明了轉輪排字盤。轉輪排字盤主要

第二十一章　印刷術
提高印刷效率——活字印刷術

是由兩個同樣大小的圓盤組成，每個圓盤裡面都有好些個格子，通過音韻放置漢字。排字工人坐在兩個輪盤的中間，用手轉動輪盤，就可以揀到所需要的字了。

● 延伸閱讀

古代木活字印刷術的典範——《欽定聚珍版武英殿程式》

《欽定聚珍版武英殿程式》於清乾隆四十二年（1777）由金簡所著，全書內容分為兩部分，第一部分是金簡等人關於木活字印刷事宜向乾隆皇帝請示的奏摺以及皇帝的批示，第二部分記載了木活字製作的技術和排版印刷的工藝流程。該書內容詳備，堪稱木活字印刷技術標準的典範，對清代活字印刷技術標準化及其普及推廣起到了重要作用。

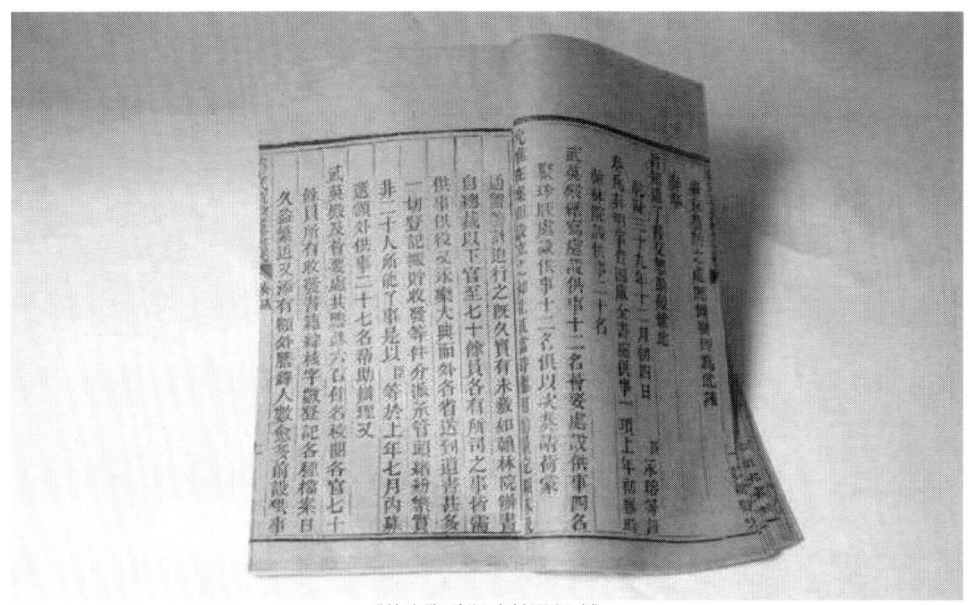

《欽定聚珍版武英殿程式》

印刷術的傳播和發展，對世界很多國家的科技和文化的發展起了重大作用，直接促進了書籍的出版和文化的傳播，對整個世界文明和發展起到了革命性的推動作用。

中國古代黑科技：古人比你想得更厲害

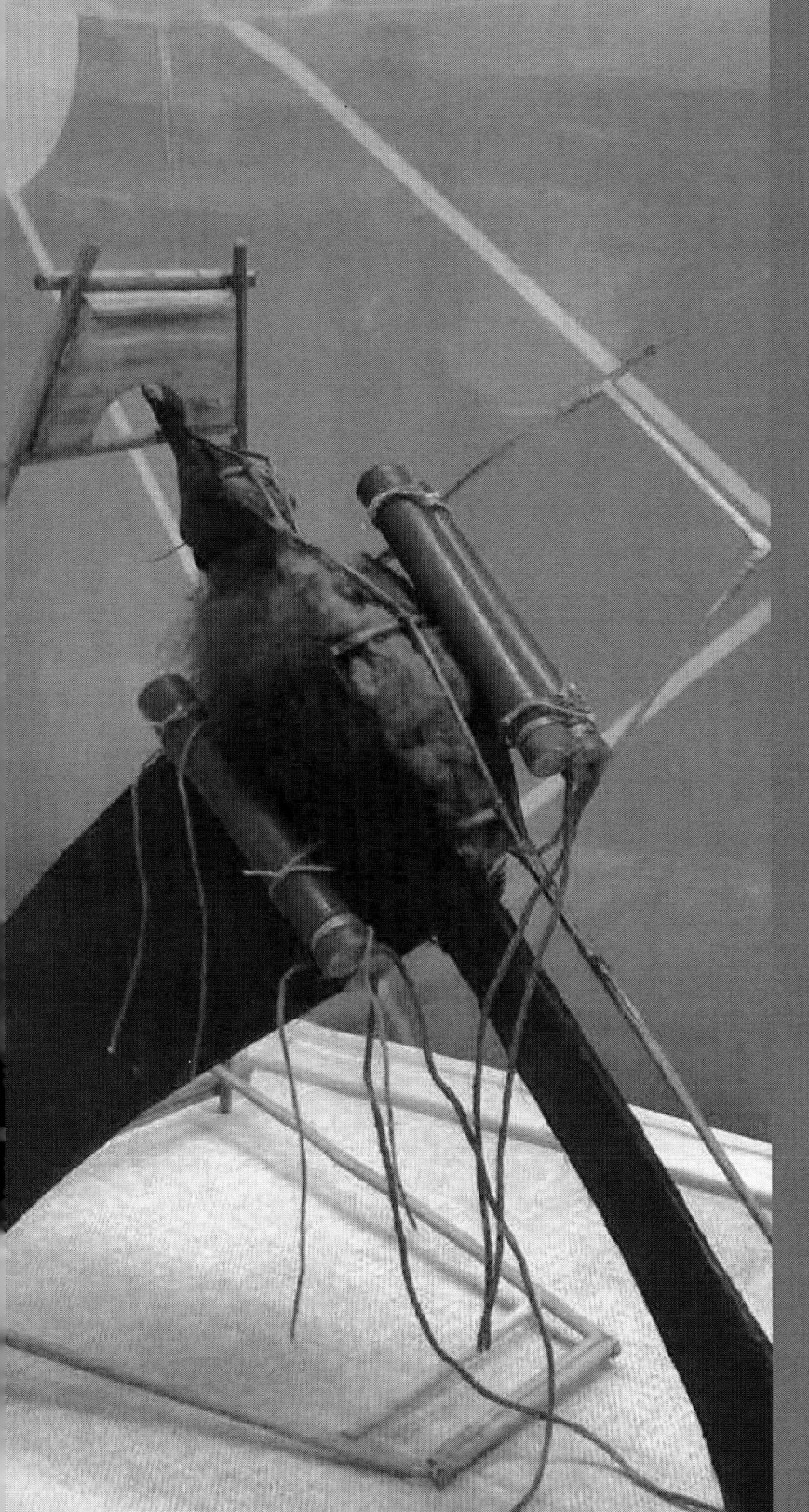

第二十二章 火藥

● 撰稿人／安　娜

中國古代黑科技：古人比你想得更厲害

火藥是中國古代的四大發明之一，主要成分是硝石（硝酸鉀）、硫磺、炭（木炭）。大概是在宋仁宗時期，中國史籍上出現了「火藥」這一名詞，而且在當時的都城汴京還設有專門生產火藥的「火藥作」。在中國古代的軍事專業百科全書《武經總要》中，不但使用了「火藥」這個名詞，而且詳細地記載了軍事火藥的三種配方。這是中國乃至世界上最早正式出現的火藥名稱和軍用火藥配方。在這一章節，我們就一起來瞭解火藥的發明及中國古代著名的火器。

煉丹爐中的發明

我們的祖先早在1000多年前就發明了火藥，那你知道是誰發明了火藥？火藥又是怎樣被發現的呢？

火藥並不是歷史上某個人發明的，而是中國古代煉丹家在煉丹的過程中逐漸探索發明的，而且與中國的傳統醫學有著密切的關係。據五代中期的《真元妙道要略》書中記載，煉丹家將硫磺、雄黃、雌黃和硝石等混合起來燒煉。在煉製丹藥的過程中經過一次一次的實驗和探索，人們得到了一系列的啟示，並最終發明了火藥。同樣在這個過程中，煉丹家們掌握了一個重要的規律，就是硫磺、硝石和木炭三種物質按照一定的比例混合，可以組成一種極易燃燒的藥，這種藥被稱「火藥」，顧名思義就是「著火的藥」。把「火藥」叫作「藥」，是因為其主要成分硫磺、硝石是古代常用的醫療藥物。在中國現存的第一部藥材典籍——漢代的《神農本草經》中，硝石、硫磺都被列為重要的藥材。

第二十二章　火藥
煉丹爐中的發明

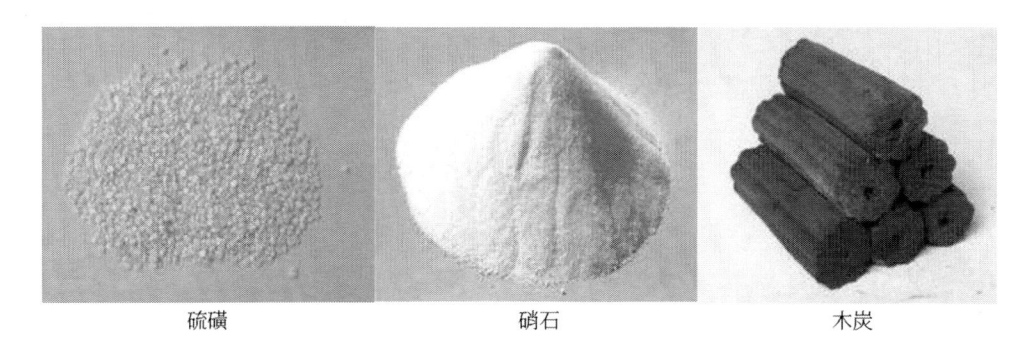

硫磺　　　　　　　　硝石　　　　　　　　木炭

　　火藥接觸到火就會燃燒，在密封容器內會爆炸，同時會產生硫化鉀這種固體，並與不完全燃燒的木炭混合，所以我們可以看到黑煙。火藥的發明是中國古代勞動人民辛勤勞動的成果，它又是隨著生產的發展、社會的進步而逐漸完善的。

　　火藥在軍事領域的使用，導致了大量火藥武器的出現，改變了以往單純依靠弓箭大刀作戰的局面，從而使作戰方法發生了重大變革，是世界兵器史上的一個劃時代進步。

● 延伸閱讀
《武經總要》中介紹的三種火藥配方

　　火藥發明以後，經過不斷的試驗和改進，到了宋代才開始被用於軍事。北宋曾公亮主編的《武經總要》中介紹了三種火藥配方，這是世界上最早的軍用火藥配方，如果增加不同的輔料，經過長時間燃燒、猛烈燃燒，就可以達到施放毒煙等不同效果。這三種火藥配方包括火炮火藥法、蒺藜火球火藥法和毒藥煙球火藥法。上述三個火藥配方，是以硝、硫、木炭上述三個火藥配方，是以硝、硫、木炭為基礎，再摻雜一些其他物質。按照這三種配方配製成的火藥，再經過加工製成用於投石機發射的火球，就成為具有燃燒、發煙和散毒等戰鬥作用的燃燒性火器。

　　它們的創製成功，標誌著中國火藥發明階段的結束，進入了由軍事家製成火器用於作戰的階段，在兵器發展史上具有劃時代的意義。但是，由於這三種火藥中還含有較多的其他物料，所以只能用作燃燒、發煙或散毒，還有待於在作戰中不斷改進和提高。

突火槍模型

最早的管形射擊火器
——突火槍

　　提到突火槍，我們要先來認識一下它的前輩——火槍。剛開始，人們發明了火槍，它是最早出現的管形火器，最初的火槍用竹筒做槍管，槍管內裝有火藥，點燃之後，能夠噴射火焰來燒傷敵人。嚴格說來，這種結構不能稱為槍，因為沒有子彈，把它作為一個火焰噴射器更加合適，但它為火槍未來的發展打下堅實的基礎。後來，這種火槍有了新的發展，《宋史·兵志》記載了1259年發明的一種火器，也就是突火槍。突火槍用巨大的竹子做槍筒，筒內裝滿火藥，也就是當時最早的彈丸之一——子窠（丂ㄜ）。點燃火藥，火焰燃燒產生很大的壓力，當火焰燃盡後，將窠射出，擊殺敵人，同時發出聲音。突火槍已經具備管形射擊火器的三個條件：一個是槍管，可以用來填充粉末和彈丸；二是火藥，可以用來彈射；三是子窠為射彈，可以用來擊殺敵人。因此，突火槍被人們稱為後世槍炮的鼻祖。

　　管形火器的出現，是中國火器發展史上的一件大事，具有劃時代的意義。它突破了以前弓和弩等遠射兵器的殺傷力完全依靠人的體力來完成和投射不準等缺點的制約。更重要的是，現代火炮是在原有管形火器的基礎上發展起來的。管形火器逐漸取代了冷兵器，使戰爭向現代化的方向發展，極大地影響和改變了戰爭的形式、戰爭的戰略和戰術。

第二十二章　火藥
集束火箭的代表 ——一窩蜂

集束火箭的代表
——一窩蜂

　　根據現代的定義，火箭是指以火藥燃燒時產生的高溫高壓氣體形成反推力而騰空飛行的裝置。按照這個定義，中國最遲在12世紀中葉就已經發明了火箭。由於火箭在戰爭中可發揮較大威力，所以被大量用於軍事，形式也是多種多樣。到了明代，火箭技術發展到一個較高的水準，火箭的種類繁多，除單飛火箭外，又發展了各種集束火箭、火箭飛彈和多級火箭。下面我們來介紹一下集束火箭的代表——一窩蜂。

　　集束火箭是用藥線將許多支火箭並連起來一起發射，一窩蜂是集束火箭的傑出代表。製作這種集束火箭的方法是：在其木筒內放置32支火箭，木筒就是它的箭架，然後將所有火箭的引線連接在一起，使用時點燃匯流排，幾十支箭就會一齊發出，相當於近代的火箭炮。

一窩蜂模型

中國古代黑科技：古人比你想得更厲害

世界上最早的有翼火箭
——神火飛鴉

　　神火飛鴉是明代製造的一種飛行火箭。

　　它的外形是烏鴉的形狀，裡面裝上火藥，用四枚火箭推進。它是世界上最早的有翼火箭，是4支「起火」同時發動的並連火箭，藉助風力可提高飛行的高度與距離。鴉體內裝滿炸藥，到達目的地時引燃鴉體，火藥就會爆炸，從而炸傷敵人。

神火飛鴉模型

世界上最早的二級火箭
——火龍出水

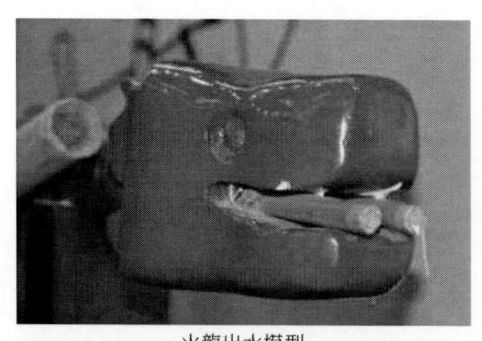

火龍出水模型

　　當人們用火箭裝置將整個火箭推向空中時，企圖用火箭裝置再將另一枚火箭推向空中，使其繼續飛行到更遠的地方，從而發明了多級火箭中的二級火箭。明代時發明了一種叫作火龍出水的二級火箭，製作方法是：用1.6米刮薄去掉竹節的竹片作為火箭裝置，用木頭製作龍頭和尾翼，

火龍出水模型

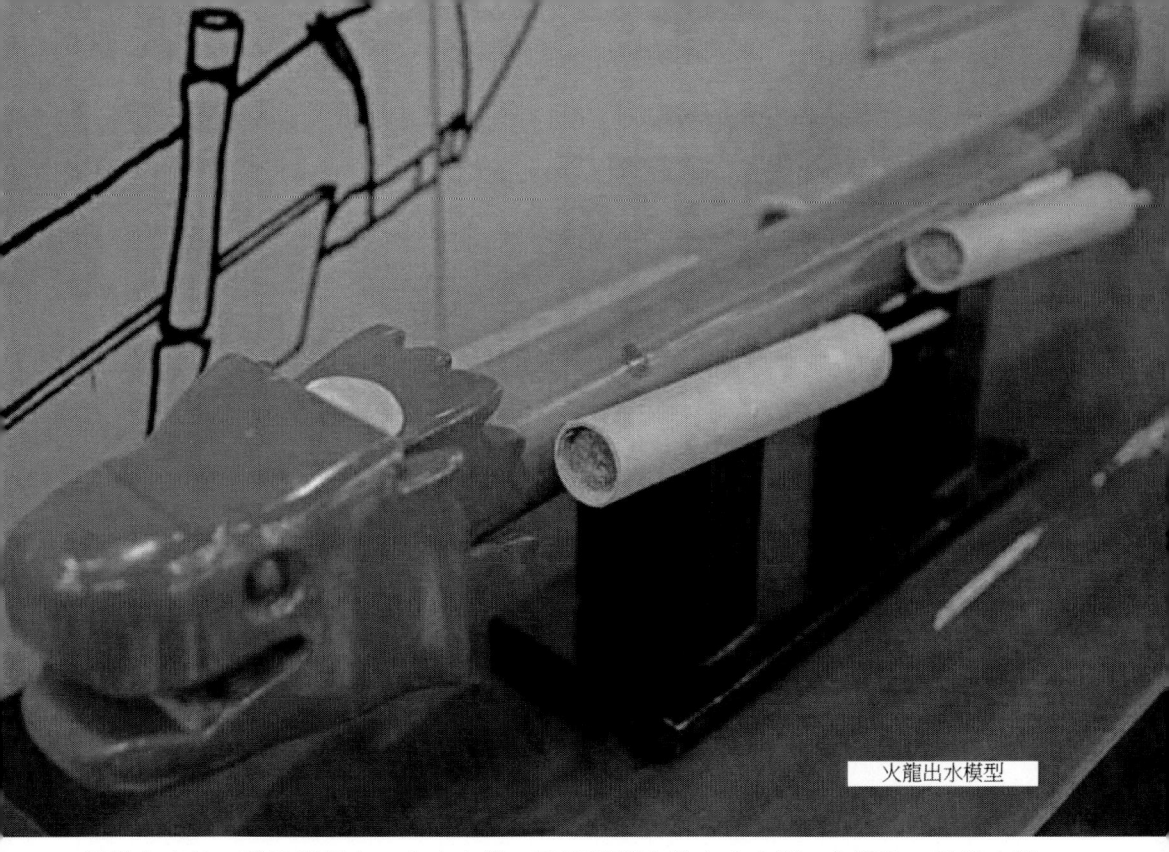

捆綁上火線；體外捆綁上4支大火箭，肚子裡藏有數支小火箭。作戰時，點燃火箭筒匯流排之後，整個火龍便迅疾飛往敵方，這是第一級。當第一級火箭發射燃盡後，點燃龍肚內藏著的數支小火箭，火箭從龍口噴射出去攻擊敵人，這是第二級火箭。在四五百年前，這樣的二級火箭設計，這可真是了不起的發明！

中國火藥、火器的西傳

科學沒有國界，先進的文化和科學知識是相互傳播以及相互影響的。很早以前，中華民族就與中亞、西亞各民族甚至是遠在歐洲的一些民族有著經濟、文化以及科技領域的交流。因此，中國的火藥、火器西傳到歐洲地區也是很正常的事情。從目前所掌握的資料來看，中國的火藥和火器大約在13世紀後期至14世紀上半葉傳入歐洲。13世紀後期，歐洲的書本中開始介紹火藥、火器知識。當時，有本名為《制敵燃燒火攻書》的拉丁文本軍事技術書，詳細地記載了花炮的製作方法以及注意事

中國古代黑科技：古人比你想得更厲害

項。這是已知歐洲最早介紹火藥和火器知識的書籍。接著，歐洲的其他博學家，如德國的阿爾伯特和英國的羅吉爾等都在自己的書中闡述了火藥、火器的製作方法，更加深入地證明了火藥、火器是從中國傳入歐洲的。

第二十三章　指南針

● 撰稿人／賈彤宇

中國古代黑科技：古人比你想得更厲害

指南針是中國古代重要的發明之一，有了它，不管是走在人跡罕至的深山密林裡，還是漫無邊際的沙漠荒野中，甚至在浩瀚無垠的大海中航行，我們都能找到回家的路。那麼，古人們是如何發明了改變人類社會進程的指南針的呢？

我們的祖先很早就懂得了識別方向的重要性。那時的人們日出而作，日落而息，所以開始用太陽作為辨別方向的依據，並發明了圭表，用圭表測日影以確定方位。在繁星滿天的夜晚，古人發現了一顆最為明亮的星星一直在北方閃耀著，因此稱其為北極星，在夜晚就用北極星來指引方向。可是當離開熟悉的環境，或者遇到陰雨天氣，或者遇到沒有星光閃爍的夜晚，想分清東南西北就變得十分困難，這個問題在很長一段時間裡困擾著古人們，他們嚮往著要是有一個能指示方向的工具該有多好！於是，人們試圖尋找出一種定位辨向的儀器，從此開始了漫長而艱苦的探索和創造的征程。

端朝夕的司南

有沒有一種能夠不受天氣因素制約的裝置來指示方向呢？人們在發現磁鐵的吸鐵性質後，也發現了磁鐵具有指向性。當前學界普遍認為，東漢學者王充在《論衡》中所記述的「司南之杓，投之於地，其柢指南」，是對當時的磁性指向器的描述，即司南的形狀像勺子，柢就是勺柄，將它放在光滑地盤上，用手撥動讓它自由旋轉，當它靜止的時候，勺柄總是指向南方。司南可以說是指南針的雛形，但不同於後代的指南針。經過長期

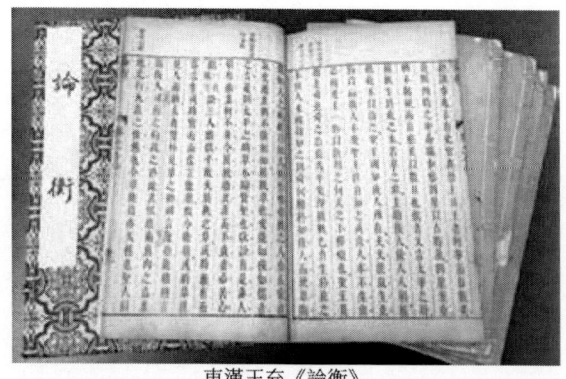

東漢王充《論衡》

第二十三章　指南針
端朝夕的司南

的改進後，人們將針在天然磁鐵上摩擦，針就有了磁性，指向更加靈敏、更加輕便、準確。

● 延伸閱讀

磁石的魔力

在高科技發展的今天，磁鐵對每個人來說並不陌生，連小孩子都知道有一種「磁鐵」可以魔術般地吸起小塊的鐵片和鐵針。中國古代的先人們是什麼時候發現磁石？又是怎樣開始應用的呢？

早在西元前9世紀，中國古代人民就掌握了煉鐵技術，利用金屬來製造工具。人們在尋找鐵礦的時候，發現了一種神奇的礦石，這種礦石上吸附著很多小的鐵礦碎屑，最初人們無法正確解釋這一現象，於是就用母子情來比喻，認為礦石是鐵的「母親」，慈祥的「母親」在吸引自己的「孩子」。

《史記·封禪書》中記載了一個故事：西漢時有個名叫欒大的方士，製作了一種鬥棋，兩個方形的棋子擺在一起，能夠「相拒不休」，不斷排斥，而換個擺法，又相互吸引，把很多這種棋子放到棋盤上，會互相碰擊，自動地打鬥起來。欒大將棋獻給了漢武帝，漢武帝看了非常驚喜，封他為「五利將軍」。其實，欒大的棋子是用磁鐵做的，磁鐵有兩極，同性磁極相斥，異性磁極相吸，棋子一多，有的相吸，有的相斥，因而互相碰擊。

中國的古人們發現了磁鐵吸鐵的性質，在不斷的研究和探索中，加深了對磁鐵性質的理解，發現了磁鐵的指向性，並終於發明了改變世界面貌的指南針。

磁鐵

指南魚

人工磁化的指南魚

　　鐵片在磁鐵上摩擦之後會帶上磁性，我們的祖先利用這一發現，便製造了人工磁鐵，這是一個很大的技術進步。北宋曾公亮在《武經總要》中描述了指南魚的製作方法：指南魚是將薄鐵片剪成魚的形狀，放入炭火中燒成赤紅，用鐵鉗夾住魚首，使魚頭向南、魚尾向北，傾斜放入水中冷卻，在地磁場的作用下，魚形鐵片就會被磁化，具有了指向性。使用時，讓魚浮於水面自然轉動，停止後，魚頭和魚尾就指示南北方向。不用時，要存放在裝有磁石的密閉鐵盒中，以保存指南魚的磁性。這種人工磁化方法的發明對指南針的應用和發展起到了巨大的作用。

魚狀磁針　銅天池　水　木盤

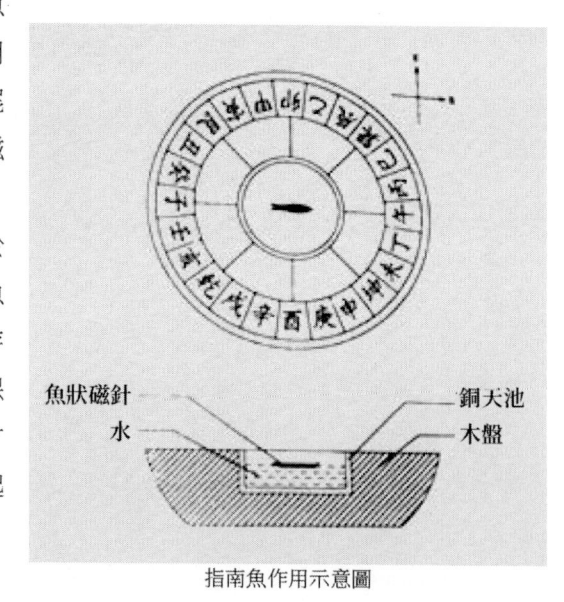

指南魚作用示意圖

第二十三章　指南針
腹中藏磁的指南龜

腹中藏磁的指南龜

　　南宋陳元靚在《事林廣記》中記錄了一種名為指南龜的裝置形式。指南龜是用木頭雕刻成龜形，將一塊天然磁石放置在龜的腹部內，尾部插有鐵針，在龜的腹部挖一小孔，放置在直立於木板上的竹釘上，這樣，木龜就有了一個能夠自由旋轉的固定支點。靜止時，木龜尾部鐵針指向南方。

指南龜模型

懸針定向的縷懸法指南針

　　縷懸法指南針是北宋時期利用人工磁體製成的四種針形指南針之一。用一根蠶絲連接在磁針的中部，懸掛在一個木架上，木架的底部繪有方位盤，上面刻有二十四方位。靜止時，在地磁場的作用下，磁針兩端指示南北兩個方向。由於空氣阻力小，磁針敏感性強，所以指示比較準確。

縷懸法指南針模型

中國古代黑科技：古人比你想得更厲害

● 延伸閱讀

《夢溪筆談》

《夢溪筆談》是北宋科學家沈括的筆記體著作，是中國科學技術史上的一部重要文獻，記載了中國古代勞動人民在科學技術方面的卓越貢獻，特別是北宋時期自然科學技術所取得的輝煌成績，被稱為「中國科學的里程碑」。沈括在書中詳細記載了當時指南針的四種構造和使用方法：第一種是指甲法，把一根磁針放在指甲面上，輕輕轉動以指示方向；第二種是碗唇法，把磁針放在光滑的碗口邊上以指示方向；第三種是水浮法，在指南針上穿幾根燈芯草，放在有水的碗裡，使其漂浮在水面上指示方向；第四種便是縷懸法。

指南針所指的方向，並不是正好指向地球的南極和北極，而是有偏差的。沈括在《夢溪筆談》中寫道：「方家以磁石磨針鋒，則能指南，然常微偏東，不全南也。」說明在北宋以前，堪輿家就已經發現了地磁偏角。沈括的記載比哥倫布發現地磁偏角早了 400 多年。

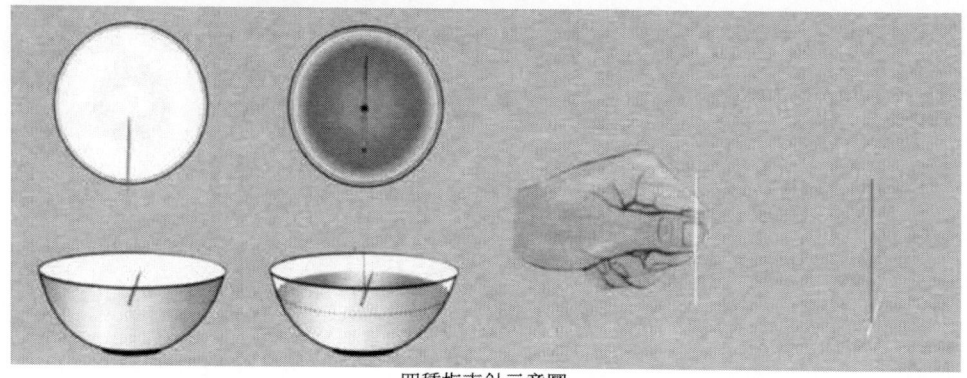

四種指南針示意圖

浮針定四維
—— 羅盤

由於受地磁偏角的影響，指南針不全指南，常微偏東。為了更準確地指示方向和測定方位，需要有方位盤與之配合，因此出現了將磁針和標有二十四向的方位盤

第二十三章　指南針
浮針定四維——羅盤

連成一體的羅盤。通過觀察磁針在方位盤上的位置，就能測出方位。羅盤分為水羅盤和旱羅盤，盤式逐漸由方形演變成圓形。南宋時，中國在航海中使用的大多是水羅盤。隨後出現了旱羅盤，羅盤上刻度精細，標明方位和八卦，磁針採用中軸式支撐，使其不再在水面上飄蕩，磁針轉動起來就更加自由，指向也更加精確。

水羅盤（清代）　　　　　　　　　　　　旱羅盤（清代）

● 延伸閱讀

張仙人瓷俑

1985年5月，江西省臨川縣一座南宋墓葬中出土了一批瓷俑，其中有一件底座上寫有張仙人字樣的瓷俑，高22.2公分，束髮綰髻，身穿長衫，手捧羅盤豎於胸前。羅盤有16個方位的刻度，磁針的形狀與水浮磁針不同，磁針呈菱形，中間有一小孔，表現出有軸支撐的結構。這座墓的主人朱濟南葬於1198年，由此證明，中國早在12世紀末以前就已經有了旱羅盤。

張仙人瓷俑模型

出海遠航
——指南針與航海

　　指南針一經發明，開創了人類航海的新紀元，從此人類可以全天候在一望無際大海上遠洋航行。

　　北宋末年，指南針成為海上導航最重要的儀器，在遠航的商船上設置有專門放置羅盤的「針房」。人們記錄下航行中指南針在沿途島嶼、港口的指向，稱為針位，各針位連貫起來形成針路，並根據它來繪製航海圖。明代時，鄭和帶領龐大的船隊七下西洋，途徑 30 餘國，最遠到達非洲東海岸、紅海和伊斯蘭聖地麥加，沿途都是用羅盤指明航線，寫下了航海技術史上光彩奪目的篇章。在 12 世紀末 13 世紀初，指南針由海路傳入阿拉伯，並經由阿拉伯傳入了歐洲，為哥倫布發現美洲大陸和麥哲倫的環球航行奠定了基礎。

　　指南針的發明，對中國乃至全世界都產生了巨大的影響，引起了航海技術的重大革新，促進了世界航海事業的發展和對外經濟貿易及文化交流，從此改變了世界的面貌。

第二十四章 瓷器的王國

● 撰稿人／諶璐琳

中國古代黑科技：古人比你想得更厲害

2005 年 10 月 23 日，香港蘇富比秋季拍中清乾隆御製琺瑯彩花石錦雞圖雙耳瓶拍出了 1.1548 億港元的高價，在刷新全球清代瓷器最高拍賣價的同時，也打破了亞洲地區單件藝術品拍賣的最高成交紀錄。其實，中國瓷器史上不乏這樣蜚聲中外、價值連城的精品。堪稱中國「第五大發明」的瓷器，凝結了歷代工匠的智慧與心血，蘊含中華文化的精粹，是中國對世界科技、工藝、文化作出的巨大貢獻。

瓷器的前身
——陶器

說到瓷，就不得不先說說它的老祖宗——陶。舊石器時代晚期，人類開始用黏土塑造形象，並在長期用火的實踐中認識到黏土經火燒後會變成硬塊。大概在 8000 年前的新石器時代，先民們發現塗抹了黏土的籃子經過火燒變成了不易透水的容器，從而得到啟發，開始有意識地塑造並燒製陶器。

人面魚紋盆彩陶

第二十四章　瓷器的王國
由陶到瓷 ——陶瓷製造工藝的飛躍

由陶到瓷
——陶瓷製造工藝的飛躍

中國是世界上發明瓷器最早的國家，大約在西元前16世紀的商代，我們的先民創造出了「原始瓷」，而經過1000多年的不斷地改進原料與技術，終於在東漢時實現了由原始瓷向瓷的過渡，取得了中國陶瓷生產史上劃時代的偉大成就。

那麼，一件精美的瓷器是如何製作出來的呢？中國古代的製瓷工藝主要有以下幾個環節：原料煉製，瓷胎和釉漿的配製，成型，上釉，燒成。

1. 原料煉製。製瓷原料有高嶺土和瓷石兩類，高嶺土是用一種白色「高嶺石」淘洗、沉澱、晾乾而成，瓷石則是一種白色中微帶黃、綠、灰色的岩石。精挑細選製瓷的原料，是保證瓷器品質的基礎。

2. 瓷土和釉漿的配製。瓷土是由高嶺土和瓷石配製而成的，根據製品的形狀、大小等不同，這兩類原料的配方成分也有所不同。另外，為了呈現瓷器表面的緻密光潔，釉料的配方也十分關鍵。

3. 成型。瓷坯成型主要有圓器拉坯及雕鑲成型兩種。生產圓形器物時，會將胎泥放在陶輪上，轉動拉坯，再旋削加工。製作有棱角的瓷器和佛像時，則將胎泥拍成片，鑲接後，再手工雕修。

4. 上釉。瓷器拉坯成型再經補水將表面細孔填平後，就可以上釉了。按照瓷坯的形狀厚薄，上釉有蕩釉、蘸釉、吹釉、澆釉、塗釉等多種方法，有時也會數法並用。

5. 燒成。入窯燒製是瓷器製作中十分重要的一個環節，瓷質好壞與能否製成很大一部分都由燒成決定。窯的形制有龍窯、饅頭窯、葫蘆形窯、蛋形窯等多種，而其中龍窯與饅頭窯最為常見，使用時間也較長。

南方多利用山體坡度建造龍窯，它的出現大大提升了窯溫，為原始青瓷的出現奠定了基礎。

北方平原地區多使用饅頭窯，窯室向上逐漸收斂且窯牆較厚，限制了瓷坯的快燒和速冷，減少了瓷器的透明度和白度，因而形成了北方瓷器渾厚凝重的特色。

中國古代黑科技：古人比你想得更厲害

　　經過以上步驟，一件瓷器基本上就已經製成了，如果想讓瓷器呈現出更為豐富的顏色，則需要一個額外的步驟——加彩。加彩大致有釉上加彩和釉下加彩兩種，前者是在瓷器上釉燒成後進行彩繪，入爐再低溫（600℃～900℃）烘烤而成；後者是用色料在素坯上進行繪製，然後罩以透明釉或淺色釉，入爐再高溫（1300℃左右）一次燒成。

　　總而言之，瓷器的發明是中國古代人民不斷積累實踐經驗，改進原料與處理方法，提高燒製溫度，總結施釉技巧，而作出的創造性成果。由於瓷器無論在實用性還是藝術性上都比陶器具有更多優點，便逐漸取代了陶器在陶瓷史上的主角地位，成為中國獨具特色的民族藝術。

● 延伸閱讀

陶與瓷有什麼區別？

　　看到這裡，你是否明白了陶與瓷的主要區別呢？有人以為陶與瓷的不同僅在於瓷器有釉而陶器無釉，其實從陶器到瓷器的飛躍遠遠不止施釉這麼簡單。瓷器的產生，需要具備幾個主要條件。

　　1. 原料的精選和加工。相較於含鐵質較多的陶土，瓷器所用的高嶺土富含雲母和長石，鈉、鉀、鈣、鐵等雜質較少。

　　2. 高溫燒成技術。陶器的燒製溫度多在 700℃～1000℃之間，氣孔率和吸水率較高，而隨著東漢時期窯爐結構的改進和窯溫的提高，瓷器多在 1200℃左右的高溫中燒成，胎質緻密堅硬，不吸水，敲擊表面聲音清脆。

　　3. 施釉技術的進步。瓷器在胎的表面上有一層釉，胎釉緊密結合，釉層表面光滑，不易剝落，不吸水。

唐三彩是瓷器還是陶器？

　　唐代的厚葬習俗使作為冥器的唐三彩迅速發展，成為陶瓷燒製工藝的珍品。許多人會誤以為唐三彩是彩瓷，但其實它跟瓷器無關，而是一種低溫多彩釉陶器。它是以細膩的白色黏土作胎料，以黃、白、綠為基本釉色，然後經過 1000℃燒製而成的。

八俑唐三彩（現藏於陝西歷史博物館）

第二十四章　瓷器的王國
青瓷如玉

青瓷如玉

青瓷，因器表施有一層薄薄的青釉而得名，又有「縹瓷」「千峰翠色」等美麗的別稱。中國的青瓷脫胎於印紋硬陶和原始青瓷，真正意義上青瓷誕生於東漢晚期。在眾多瓷器中，青瓷的發展和延續時間最長，分布也最廣，可以說是中國瓷器史上最有代表性的成果。

最早出現青瓷的窯址集中在浙江省的上虞、永嘉一帶，這些青瓷加工精細，胎質堅硬，釉面有光澤，又比陶器堅固耐用，比銅器造價低廉，所以一出現就迅速發展成為大眾生活用具。魏晉南北朝時期，青瓷有了很大的發展和進步，瓷胎含有機物少，火候掌握恰當，造型和紋飾也更加多樣，於是青瓷的燒製遍及南北，還出現了專門燒製青瓷的著名窯場，如越窯、甌窯、婺州窯等。

青瓷

● 延伸閱讀

奪得千峰翠色來──祕色瓷

晚唐最著名的瓷器要屬越窯祕色瓷，唐代詩人陸龜蒙曾作《祕色越器》，「九秋風露越窯開，奪得千峰翠色來」，說的是越窯瓷器的釉色如同融入千峰翠色，十分美妙。但是什麼是祕色瓷？窯址在哪裡？卻曾經是陶瓷史上的一個謎。1987年，考古人員在發掘陝西省扶風縣法門寺唐代寶塔地宮時，發現了13件唐懿宗供佛的祕色瓷，使這個千古之謎得以解開。祕色瓷的故鄉在浙江省慈溪市上林湖畔，早期專為宮廷燒造，後來由於名聲廣播，不少地區大量仿製，祕色瓷便成為青瓷中類似越窯、釉色上乘者的泛稱。

中國古代黑科技：古人比你想得更厲害

白瓷如雪

　　白瓷是釉料中沒有或只有微量的成色劑、入窯經高溫燒成的素白瓷器，由青瓷演變而來。製瓷工匠通過對瓷土進行精煉，降低原料中的鐵含量，克服鐵呈色的干擾，從而發明了白瓷。與青瓷不同，白瓷最早產生並流行於中國北方，北齊范粹墓出土的白瓷是中國迄今見到的有可靠紀年的最早白瓷。雖然白瓷的產生晚於青瓷數百年，卻對中國瓷器的發展有極其深遠的影響，為彩瓷的出現創造了物質和技術條件。無論是日後的青花、釉裡紅，還是鬥彩、琺瑯彩，都是以白瓷為襯托。

　　到了唐代，中國的瓷器市場已經形成了「南青北白」的格局，南方主要燒青瓷，北方以白瓷為主，而當時的邢窯白瓷與越窯青瓷則分別代表了南北兩大瓷窯系統。

白瓷

鬥彩

彩瓷如畫

　　中國古代瓷器的發展，整體經歷了從無釉到有釉，由單色釉到多色釉，再由釉下彩到釉上彩，並逐步發展成釉下與釉上合繪的五彩、鬥彩這一漫長的過程。絢麗多姿的彩瓷的出現，結束了漫長的「南青北白」局面。

　　明代精致白釉的燒製成功，施釉手段的多樣化，使瓷器燒製技術日臻卓越。明成化年間燒製出在釉下青花輪廓線內添加釉上彩的鬥彩，嘉靖、萬曆年間燒製成用多種彩色描繪的五彩，都是傳世珍品。而清代瓷器在此基礎上呈現出了更為豐富多彩的面貌，製瓷技術達到了輝煌的境界。康熙時的素三彩、五彩，雍正、乾隆時的粉彩、琺瑯彩都是馳名中外的精品。

● 延伸閱讀

素胚勾勒青花瓷

　　青花瓷，是一種用含氧化鈷的鈷料在白瓷素胎上描繪紋飾，經1300℃高溫燒成後呈藍色花紋的釉下彩瓷。它從唐代開始萌芽，在經歷宋代的沉寂之後，最終在元代的景德鎮發展成熟。到了明代，青花瓷進入全盛時期，尤其是明永樂、宣德年間被視為中國青花瓷的「黃金時代」。青花瓷替代龍泉青瓷一躍成為外銷瓷器中首屈一指的名牌貨，在鄭和歷次下西洋採辦的物資中也是最不可或缺的出口商品。

　　青花瓷為什麼會有如此大的魅力呢？主要因為它瓷質細膩潔白，藍色彩繪幽箐可愛，圖案紋飾雅俗共賞，而且燒製工藝相對簡單，成本較低，便於大量生產。

中國古代黑科技：古人比你想得更厲害

● 延伸閱讀

彩瓷皇后——琺瑯瓷

讓我們再回到文章開頭提到的天價琺瑯彩，琺瑯彩有什麼獨特之處呢？

琺瑯瓷是中國傳統製瓷工藝和法國傳入的畫琺瑯技法相融合產生的一個彩瓷品種。

它先是由景德鎮官窯燒製出瓷胎，挑選出精品送到北京宮廷，再由御用畫師用西洋畫技法繪上琺瑯彩料，最後在清宮造辦處琺瑯作坊二次燒造而成。這種瓷器成本較高，在當時專為宮廷御用，在康熙、雍正、乾隆等朝均有燒製，然而由於製作極為費工，乾隆以後就基本上銷聲匿跡了，所以傳世精品顯得格外珍貴。

「絲綢之路」的開闢溝通了中外文化間的交流，使中國成為「東方絲國」，而伴隨著瓷器的外銷，中國更是以「瓷國」而享譽於世。中國瓷器早在唐代即沿陸路和海路傳播到許多國家，宋人趙汝適在《諸蕃志》記載，自東南亞至非洲有16個國家購買中國的瓷器。中國瓷器的產生和發展對整個人類文化作出了卓著的貢獻，而其精湛的製瓷技術和悠久歷史在世界上都屬罕見，它是人類物質文明史上絢麗多彩的瑰寶。

第二十五章 連接東西的絲綢之路

撰稿人／張彩霞

中國古代黑科技：古人比你想得更厲害

「朗朗神洲，祚傳千載；漫漫絲路，澤遺百代。」這是利祥先生在《絲綢之路賦》中對絲綢之路的概括性描述。絲綢之路是中西方重要的溝通交流要道，促進了沿途各國經濟的發展、文化的交流和技術的傳播，也為留下了深厚的國際友誼。

古代絲路的魅力歷史

1877 年，德國地理學家李希霍芬正式提出「絲綢之路」概念，用於描述西元前後東西方交流中的一條交通要道，因主要交易絲綢而得名。通常來說，絲綢之路有草原絲路、陸上絲路和海上絲路三種。

草原絲路指蒙古草原地帶溝通歐亞大陸的商貿通道，歷史最悠久。其主要線路由中原地區向北越過古陰山、燕山一帶長城沿線，向西北穿越蒙古高原、中西亞北部，直達地中海歐洲地區。在西元前 5 世紀前後開始運送絲綢，長期以來主要由散居在歐亞草原上的遊牧民族充當傳播者，促進了歐亞大陸東西兩端的科技文化交流。

陸上絲路興盛於漢唐時期，距今已有 2000 多年的歷史。漢武帝時，張騫曾兩次出使西域，基本上形成了以長安（今陝西省西安市）為起點，經關中平原、河西走廊、塔里木盆地，再到中亞、西亞，並連接地中海各國的陸上通道，史稱「張騫鑿空」。

中國絲綢也通過海上交通銷往世界各國。海上絲路形成於漢武帝之時，

「絲綢之路」情景圖

第二十五章 連接東西的絲綢之路
古代絲路的魅力歷史

主要分為東海絲路和南海絲路,其中從中國出發向西航行的南海航線是主要線路;由中國向東到達朝鮮半島和日本列島的東海航線居於次要地位。海上絲綢在唐宋時期最為繁榮,各種中國貨物、技術和資源傳入亞洲、北非,再轉運至歐洲。在絲綢之路上,五彩絲綢、精美瓷器、絕妙香料等絡繹不絕,不同文化碰撞出新的火花,先進技術實現了交流和發展。

● 延伸閱讀

張騫出使西域

張騫出使西域,指的是漢武帝時期派遣張騫出使西域各國的歷史事件。當時,西漢王朝已經建立 60 多年,政治穩定,經濟發展,國富民強,但在北部卻長期受到匈奴游牧民族的侵襲。建元元年(西元前 140 年),年僅 16 歲的漢武帝即位。為了削弱匈奴勢力,他希望聯合位於敦煌、祁連一代的游牧民族大月氏來夾擊匈奴。滿懷抱負的張騫挺身應募,出隴西,經匈奴時被俘獲,逃脫後西行先至大月氏,再至大夏;一年後返回,途中改走南道,仍被俘虜並拘留一年。西元前 126 年,匈奴發生內亂,他才得以返回漢朝,向漢武帝詳細報告了西域情況。

張騫出使西域原本是為了依照漢武帝旨意聯合大月氏抗擊匈奴,結果卻促進了各族文化的頻繁交往,中原文明透過「絲綢之路」迅速向四周傳播。因而,張騫出使西域,不僅聯通了中國通往西域的絲綢之路,也有效促進了中西方科技、文化等方面的交流。

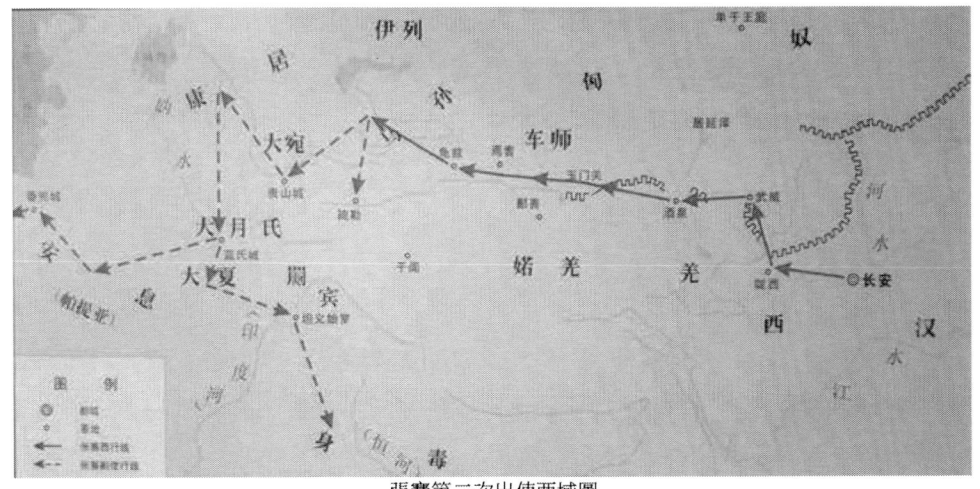

張騫第二次出使西域圖

中國古代黑科技：古人比你想得更厲害

中西方科技的傳播和交流

　　中國古代科技在世界長河中具有重要的歷史地位，也對世界各國的技術發展產生了深遠影響，其中最具代表性的就是四大發明。法蘭西斯・培根曾說：「我們若要觀察新發明的力量、效能和結果，最顯著的例子便是印刷術、火藥和指南針了。」

一、造紙術外傳

　　中國是世界上最早發明紙的國家，早在西漢時期就出現了以麻為原料製成的紙張。西元 105 年，蔡倫改進了造紙術，生產出人類歷史上真正具有實用意義的紙張，故又被稱「蔡侯紙」。

　　那麼，中國的造紙術是怎樣傳到外國的呢？

　　西元 4～5 世紀，中國發明的造紙法最先傳到朝鮮，西元 7 世紀又從朝鮮半島傳到日本。西元 9～10 世紀，中國紙張和造紙技術又通過絲綢之路西傳至鄰國印度，隨後再由阿拉伯人傳到了敘利亞、埃及、摩洛哥、西班牙等地。16～17 世紀，造紙術又經由俄國和荷蘭傳入美國和加拿大。中國的造紙術比西方領先近 2000 年，直到 1797 年法國人路易斯・羅伯特發明了用機器造紙的方法。

二、印刷術外傳

　　印刷術是人類近代文明的先導，為知識的廣泛傳播和交流創造了條件。印刷術分為雕版印刷和活字印刷兩種。其中，活字印刷術產生於北宋年間，是由畢昇在改進雕版印刷的基礎上創造的。印刷術與造紙術的外傳路線大體一致。但印刷術並沒有像造紙術一樣在阿拉伯傳播開來，卻在蒙古和歐洲得到廣泛使用。蒙古人主要利

用活字印刷術來印刷紙鈔，並將其西傳至西亞、北非一帶。隨後，印刷術又進入了歐洲，並在宗教畫和紙牌中廣泛應用。

三、火藥外傳及佛郎機

12、13世紀時，火藥首先傳入阿拉伯國家，然後傳到希臘和歐洲乃至世界各地。火器傳入歐洲後得到了革命性的發展，並最終成為歐洲人征服世界的利器。佛郎機就是典型案例。它於15世紀末、16世紀初流行於歐洲，是一種可以後膛裝填彈藥的鐵質火炮，整體由炮管、炮腹和子炮三部分組成，能夠連續開火，彈出如火蛇，又可稱為速射炮。16世紀初，葡萄牙殖民者攜帶大量佛郎機屢次騷擾中國東南沿海，明朝將領在堅決抵抗中逐步認識到佛郎機在火力、射程、命中率和結構諸方面的優勢。基於軍事需要，明朝將領還對佛郎機進行了積極吸收和改進，逐步仿製出馬上、流星炮、連珠、萬勝、日出、無敵大將軍、銅發貢、百子等火炮，成為明朝嘉靖至萬曆年間極具威力的武器。這是中西方技術在相互學習、相互借鑒中共同發展的典型案例。

四、指南針、水羅盤和旱羅盤

在中國古代,指南針最初應用於祭祀、軍事、禮儀等場合,後來逐步應用於航海領域。秦漢時期,中國主要與朝鮮、日本等國家進行海上往來,到了隋唐五代時期延伸至阿拉伯地區。宋代及以後,由於指南針廣泛應用和推廣,中國航海業空前發達,中國商船經常往返於南太平洋與印度洋航線,從而形成了著名的「海上絲綢之路」。

南宋時期,羅盤裝置出現並發展。這是一種把磁針與分方位裝置組合而成的儀器,古時常稱「地螺」或「針盤」。羅盤則是近代稱謂,有水羅盤與旱羅盤兩類。水羅盤是由一個標有方位的羅經盤構成,由圓木製作而成,中心挖出凹洞用於盛水,並將磁針放置其中,從而可以利用浮力和水的滑動力來指示南北。歐洲人早期使用的航海羅盤就是仿製中國水羅盤製作而成的。13 世紀後半期,法國人研製出了旱羅盤,其優勢在於具有穩定的支點,從而使磁針可以自由轉動並正確指向南北。後來,這種攜帶方便的指南針被歐洲各國的水手廣為應用。16 世紀初,旱羅盤由日本傳入中國。

指南針的發明,促進了航海業的發展,也使得哥倫布發現美洲新大陸和麥哲倫的環球航行成為可能,加速了世界經濟發展的進程。

旱羅盤

第二十五章 連接東西的絲綢之路
中西方科技的傳播和交流

五、崇禎曆書

《崇禎曆書》是一部全面介紹歐洲天文學知識的著作,由徐光啟、李天經、李之藻等人編譯,同時吸收了鄧玉函(瑞士人)、龍華民(義大利人)、湯若望(德國人)、羅雅穀(葡萄牙人)等眾多傳教士的編譯工作,總共歷時5年才得以完成。

該書共包括46種著作,全面介紹了西方的天文學知識,既包括托勒密和第谷的宇宙體系、哥白尼的《天體運行論》,明確引入地球和地理經緯度的概念,促使太陽、恒星、月亮、五大行星以及日蝕、月蝕等推算前進了一大步,也重點闡述了天文曆法的有關理論和天文數學方法。其中,天文曆法方面的相關理論是《崇禎曆書》的核心部分。

此書編制完成後並沒有頒行,直到清代早期湯若望進行刪改、壓縮並更名為《西洋新法曆書》後才被採用,後改為《時憲曆》。這是中國最早吸收西方先進天文學知識的學術著作,是中西方科技文化交流的典範,推動了中國天文學的近現代發展。

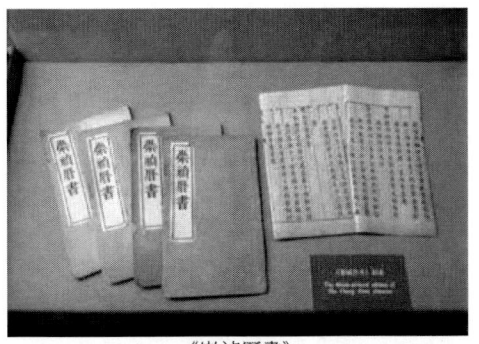

《崇禎曆書》

中國古代黑科技

古人比你想得更厲害

作　　者：	齊欣，崔希棟 著
編　　輯：	林非墨
發 行 人：	黃振庭
出 版 者：	崧燁文化事業有限公司
發 行 者：	崧燁文化事業有限公司
E - m a i l：	sonbookservice@gmail.com
粉 絲 頁：	https://www.facebook.com/sonbookss/
網　　址：	https://sonbook.net/
地　　址：	台北市中正區重慶南路一段六十一號八樓 815 室
	Rm. 815, 8F., No.61, Sec. 1, Chongqing S. Rd., Zhongzheng Dist., Taipei City 100, Taiwan (R.O.C)
電　　話：	(02)2370-3310
傳　　真：	(02) 2388-1990
總 經 銷：	紅螞蟻圖書有限公司
地　　址：	台北市內湖區舊宗路二段 121 巷 19 號
電　　話：	02-2795-3656
傳　　真：	02-2795-4100
印　　刷：	京峯彩色印刷有限公司（京峰數位）

國家圖書館出版品預行編目資料

中國古代黑科技：古人比你想得更厲害 / 齊欣，崔希棟著 . -- 第一版 . -- 臺北市：崧燁文化，2020.09
　面；　公分
POD 版
ISBN 978-986-516-457-7(平裝)
1. 發明 2. 歷史
440.6　　109012455

官網

臉書

― 版權聲明 ―
本書版權為九州出版社所有授權崧博出版事業有限公司獨家發行電子書及繁體書繁體字版。若有其他相關權利及授權需求請與本公司聯繫。

定　　價：299 元
發行日期：2020 年 9 月第一版
◎本書以 POD 印製